U0392198

芬芳

Dung
Culture

The Traditional Ecological Knowledge of
Dung Culture in Inland China

中国内陆畜粪
传统生态智慧研究

包海岩 著

人民出版社

目 录 · ◆

2

第二部分第二部分　拾粪行为：畜牧生活的
基本技术

|第三章||第三章|　家畜资源：粪　31

畜粪是与家畜的年龄、性别无关的

家畜资源　32

畜粪是在量上具有持续性和

稳定性的家畜资源　33

畜粪是根据家畜饲料的不同而在

利用上会发生变化的资源　35

畜粪是自古以来作为燃料利用的资源　36

|第四章|　畜粪有关的词汇　38

《蒙古秘史》中的畜粪名称　39

《江格尔》中的阿日嘎拉采集者　41

|第五章|　拾粪工具　42

阿日嘎　43

阿日嘎以外的工具　49

第三部分
畜粪名称体系：认知的升华

4

第四部分
畜粪利用体系：价值的扩展

第五部分

结语：资源·认知·价值

第六部分

插图目录

表格目录

前　言

　　本书对丝绸之路沿线干旱地域畜粪文化进行了深入研究。首先，从文化人类学视角探究了作为畜牧生活中基本技术的拾粪行为。其次，整理和分类了畜粪的复杂名称体系，并在此基础上，参与观察和记录了畜粪利用体系。最后，通过本研究，发现畜牧文化显著的物质文化载体"畜粪"，建立了"拾粪行为""畜粪名称""畜粪利用"为主的畜粪文化三位一体论。开创畜牧文化新论和新研究领域是本研究的理论价值所在。畜粪通常作为燃料资源和肥料资源来利用，但人们易于忽略畜粪与传统生活和文化的关联，如医疗、娱乐、艺术、建筑、经济、宗教、家畜管理技术、军事、教育、生理等多个领域。为了使本书图文并茂，特意附录了有关畜粪文化的图片以及解说词。这项研究对畜牧社会和畜牧文化旧研究体系形成一定的冲击，构建了全新的畜粪文化论。

本书由序论、拾粪行为、畜粪名称体系、畜粪利用体系、结语以及图册和附录英文论文组成。目前为止，主要从三个方面研究畜粪文化：拾粪行为、畜粪名称、畜粪利用，这也是畜粪文化论的主要框架。这个框架在学术上有非常重要的意义和价值。简言之，这是一道公式，任何学者想研究畜粪，从这三方面入手就可以了解畜粪文化的全貌。全世界的畜粪文化研究刚刚开始，还有很大的研究空间。本研究主要集中在内亚地区丝绸之路沿线干旱地域，研究的对象是蒙古高原上的蒙古族畜粪文化，本书将详细介绍这方面的研究。与此同时，还在诸多地区和民族中进行调研，搜集了大量一手资料，比如蒙古国，日本，中国的藏族、维吾尔族、哈萨克族、汉族、鄂温克族等。因为这方面的研究还很匮乏，需要更多更深入的研究。本书大量利用了畜粪研究过程中拍摄的图片资料，以图册形式放在第六部分。这部分内容相对零散，但不受论文学术性表达的限制，相对自由，可以表露真实的情感和想法，引人深思。最后附录了1篇英文论文。下面简单介绍每个部分的主要内容，便于读者理清思路、掌握框架。

第一部分序论中主要讲述了畜粪的研究价值。我们应该重新审视以资源不足的危机意识为前提发展起来的干旱地域文明的智慧。干旱地域文明，也就是在内亚干旱地区的草地、沙漠和山地上以畜牧业为基础发展起来的文明。这些地方的人们，因为资源不足，反而更善于观察和利用资源。这对于面临过度资源消耗和资源匮乏的现代社会来讲，有重要的借鉴作用。

从人类文明来讲，畜粪的利用（拾粪），是一种重要的技术。如第六部分中所说，"当阿日嘎拉被拾起的那一刻，一种文化就诞生了"。拾粪，是早于挤奶的技术，挤奶始于约 1 万年前，而拾粪行为有可能是1.5—2 万年前产生的。蒙语中的"拾粪"一词，不像"挤奶"（saγaqu）和"去势"（aγtalaqu）有专用名词，而是用动词"拾"（tegükü）。其原因可能是"拾"（gathering）这个词是在更远古的采集狩猎社会时就已经形成。不仅如此，人们与野生动物接触、驯化以及家畜化的开始，有可能是牲畜被人类的分泌物（排泄物），即尿液中的盐分所吸引，从而进入人类生活范围；反之，人类为利用动物的分泌物（排泄物），即畜粪和牛奶，才把动物家畜化。正因为畜牧生活中畜粪很常见，反而在研究中被忽略。与广泛研究的奶文化相比，对畜粪的观察和研究寥寥无几。然而，畜粪不论家畜年龄、性别，都持续且大量生产，对畜牧生活和文化的重要性不言而喻。总之，拾粪不仅是人类文明开始有关的古老技术，亦是畜牧文化中畜力、乳、肉、毛、皮等家畜资源（Animal Power）中被忽略的重要资源，且蕴含着对现代生活资源利用以及可持续发展具有重要启示作用。

第二部分的拾粪行为，副标题为畜牧生活的基本技术。围绕畜粪利用、拾粪、装运、储存以及工具的制造和使用有系统性的技术。游牧民族经常移动，以所携带的工具少而闻名。游牧民所拥有的为数不多的工具中，许多与畜粪有关。日本著名的人类学家梅棹忠夫在蒙古调查时对蒙古生活以及工具进行了细腻且逼真的素描（20世纪40年代所画，出版是在1990年），其中畜粪相关工具的素描令人印象深刻。背着阿日嘎（aroγ，拾粪筐）的女人，一边走一边用手里的萨布日（sabar，拾粪叉）拾起散落的牛粪，然后挥动萨布日越过肩膀上侧，再借力将阿日嘎拉（干牛粪）甩入背后的阿日嘎，这是草原上的经典画面。拾粪的人主要是女性，蒙古语中把拾粪的人称为"阿日嘎拉钦"（arγalčin），是指女性的专用词，也表示专业的阿日嘎拉采集者。她们把捡到的牛粪堆积在一处，经过数日干燥之后用马车或牛车运送到营地。关于储存方法和位置也有讲究。畜粪的储藏方法是把大块的牛粪排列在外侧，形成方形或圆形的外廊，在里面堆积干粪。为了防止储存的畜粪因雨雪而受潮，妇女们会把牛排泄后不久的粪在畜粪堆的外周涂上凝固。从畜粪堆大小和多寡，可以看出该家庭的富裕程度和女性的勤劳程度。拾粪行为使我们从女性视角对畜牧社会进行了重新解读。在蒙古牧民生活中，畜粪的储藏位置一般在房子西南方，房子东南方扔畜粪灰。因为蒙古高原风多为西风，西侧通风良好，畜粪容易干燥，同时确保扔灰处在下风处，避免火灾。

第三部分的畜粪名称体系，副标题为认知的升华。畜粪名称之多样和丰富，反映着牧民对畜粪的细致认识，反过来也表明畜粪在畜牧生活中的重要性。关于畜粪名称，词典上有专有词汇，而且各自具有明确的意思，但是畜粪名称的系统性研究还是首次，甚至发现词典上没有收录的词汇。五畜（牛、马、骆驼、绵羊、山羊）的畜粪根据季节、家畜的成熟阶段、冷冻状态、粉块状态、干湿状态、燃烧特征等，有共同名称，也有固有名称。列举比较有意思的两个畜粪名称：巴苏（baγasu）和阿日嘎拉（arγal）。前者巴苏是湿粪，干燥后被称为阿日嘎拉。湿状的巴苏可用于人类在内的所有动物的粪，但只有一种名称。而干燥的阿日嘎拉，专指牛粪，而且有黑（哈日）、黄（希日）、青（呼和）、白（查干）阿日嘎拉等多种名称。这里体现出蒙古牧民为畜粪命名的主要特点：颜色和燃料利用为前提。畜粪的颜色根据季节发生变化，而每个季节畜粪的燃烧特性又不同。到目前为止，蒙古族牧民发现的畜粪名称有 35 个，藏族牧民有 56 个。藏族牧民的畜粪名称中，存在诸多畜粪加工的名称。原因是牦牛粪难以干燥并易于粉碎，有必要加工。而蒙古族牧民的畜粪名称的一个主要特征是颜色，应该是蒙古牧民的色彩观所致。这种复杂的畜粪名称的存在，表明畜粪利用的多种维度。

第四部分的畜粪利用体系，副标题为价值的扩展。牧民很早就知道畜粪利用，而且在漫长的畜牧生活中，畜粪的利用融入了生活的各个方面。现已通过田野调查发现有 69 种畜粪利用方法，大致可分为生活（畜牧生活、农业生活）、教育（身、心的教育）、技术（畜牧技术、军事技术）、经济（自给自足、商品市场经济）等四个领域。这部分内容占本书近一半篇幅，尽可能的收录了与畜粪有关的所有利用方式，可以说是畜粪利用体系的百科全书。其中，畜牧生活和畜牧生产技术中的畜粪利用最多。在畜牧生活中，值得一提的是畜粪在民间医疗中的利用。最常见的是色布斯（sebesü，胃内容物）治疗，主要治疗由寒冷引起的宫寒、关节炎等。在畜牧生产技术中，常见的畜粪利用有雄畜去势、幼畜断奶、母仔互认等。畜粪在畜牧管理中也具有重要的作用。畜粪在现代生活中传承和转型的同时，以商品形式进入市场。用畜粪制作的香、香皂、无污染肥料和燃料等已经研发并销售，其中畜粪香具有医疗效果，由于含多种草药，其烧出来的烟对治疗鼻炎有一定的作用。畜粪有相当大的经济开发空间，有待于开发更多的利用价值。这些内容一定程度上都以学术论文和学术演讲的形式发表过。

第五部分是结语。传统畜牧业中拾粪行为的主体是女性，从而可以推论畜牧业的早期缔造者可能是女性。游牧社会中挤奶者也是女性，这些关键的畜牧业技术由女性来掌控。通过畜粪文化研究得知畜牧文化的形成中女性所扮演的重要角色。本研究还试图提倡新的畜牧业形成论；畜牧业是由"拾粪""挤奶""去势"行为中获得的家畜资源与其他家畜资源的互补利用而形成。最后，比较研究的视角总结了畜粪文化在不同游牧民族，在游牧和农耕社会中的文化差异。

第六部分是图册部分。图片很重要，整理的时候借此发现有很多忽略的点，比如在畜粪研究中，发现有一点非常重要——植物。植物既是畜粪的原料，也是决定生计方式的根本。本部分主要包含了拾粪行为、畜粪名称、畜粪利用的图片解释。图片资料是首次公开，这部分展现了围绕阿日嘎拉展开的游牧生活的多个方面。其中，在草地上，在房子前的一堆堆畜粪，其干净整洁的样子，令人惊叹。经过牧人智慧的双手堆砌成的阿日嘎拉，在夕阳中犹如一件艺术品，

姿态万千的散落在草原深处。草原深处静卧的阿日嘎
拉堆，散发着家的味道，多少远走他乡的游子，舍
不得的就是这一抹阿日嘎拉升起的炊烟，倚在它身
旁，胜过千言万语。这里还讲述了"等待着大自然加
工的巴苏"等，分享了畜粪的各种形态图片。通过书
中对畜粪的论述，加之看到真实畜粪的图片，读者应
该不会再认为它臭和脏。可能对它产生亲近感。对
于畜粪，牧民有很深的感情，按日本学者鲤渊信一
（1992）的话"畜粪是游牧民的宝物"。

最后附录了 1 篇英文论文。该论文是笔者刊登在
英国 *Nomadic peoples* 杂志上关于畜粪文化的拙文。

第一部分
序　论

畜粪不是屎。

——参布拉敖日布

第一章 研究目的与理论综述

不论干旱地区的畜牧地区，还是潮湿地区的农耕地区都使用家畜粪便，但利用方法不同。畜牧地区，畜粪主要用于燃料，此外另有多种其他用途，但在农耕地区与半农半牧地区，畜粪仅用于肥料。由于利用方法的不同，畜粪的命名和处理方法上也存在很大差别。最近，东亚内陆干旱地区的畜粪文化研究在大力进行，然而，在畜牧地区的研究者中，却几乎没有人从文化或畜牧业形成的角度探讨畜粪利用的问题。笔者2014年在日本名古屋大学提交的博士论文《社会主义中国内蒙古的畜牧文化——社会主义的集体畜牧到奶农文化》中，从畜粪文化的角度探讨畜牧业形成，对畜粪文化进行了初步的考察研究。此外，笔者在蒙古高原以外的青藏高原、新疆维吾尔自治区、蒙古国等干旱地区展开调查和文献搜集。另一方面，最近畜粪文化的关注和研究也逐渐升温，自 2014 年以后，研究人员对蒙古、印度、非洲地区也进行了关于畜粪文化的实地调查，并陆续发表有关畜粪文化的论文。本书整理了笔者迄今为止的有关中国丝绸之路沿线干旱区畜粪文化的研究，并尝试从畜牧业形成中的家畜资源利用的视角构建畜粪文化论。

家畜资源论中被忽略的畜粪

2009 年，日本学者嶋田义仁提出《亚欧非内陆干旱地文明论》。这是把非洲大陆和欧亚大陆视为相连的非洲欧亚大陆，其中有年降水量 500 毫米以下的巨大的干旱半干旱地域，这里形成了畜牧业为主的文明。非洲欧亚大陆内陆干旱地域形成的文明，被统称为亚欧非大陆干旱地文明。这里自古以来出现了很多巨大帝国和城市，在以欧洲为中心的近代文明传播于世界之前，它是人类文明的中心。嶋田指出，形成这种文明的原动力在于具有移动、搬运能力和军事能力的畜力、乳、肉、毛、皮等家畜生产的全部家畜资源的利用，并称这些家畜资源为 Animal Power（嶋田，2012）。家畜资源利用体系如表 1-1 所示。

嶋田从 2009 年到 2014 年实施了《通过畜牧文化

解析的亚欧非内陆干旱地文明及其现代动态》科学研究费（S）项目。嶋田表示，"畜牧文化中重要资源是乳、肉等蛋白质资源以及毛、皮等的工艺品材料。但是，考虑到畜牧文明在文化发展中所起的作用，仅仅考虑这些是不够的"，并再次提及了畜牧文明形成中家畜资源之一的角（骨）的作用。

受到嶋田研究的启发，笔者开始探究除了上述家畜资源以外，是否还有与畜牧文明形成有关的家畜资源。经过反复查阅和潜心研究，发现了从家畜资源论中被忽略的畜粪。与广泛研究的奶文化相比，对畜粪的观察和研究寥寥无几，然而畜粪不论家畜年龄、性别，持续且大量生产，对畜牧生活和文化的重要性不可估量。通过畜粪文化研究的新领域，有可能明确到目前为止无法阐明或阐明不充分的畜牧文化的全貌。

畜粪与畜牧业形成论的关系

生活在东亚内陆干旱地域的牧民，毫无浪费地利用肉、奶、骨、毛皮、粪等家畜的所有资源，来获取衣食住的大部分原材料。然而，这些家畜资源并不单独利用，即使单独利用也不会完整，总是协调利用。例如，牧民吃肉时，用火煮熟，而生火的燃料是畜

表 1-1　家畜资源利用体系

家畜资源利用体系

家畜	活家畜的利用													屠杀后的利用							
	食用·宗教	燃料	工艺	宗教	药用					能力的运用				食用·药用·宗教					工艺		
	乳	粪	毛	汗	尿	雄臭	胎盘	耳垢	目眵	乘	载	劳动力	军事	肉	内脏	血	脑	蹄	皮	骨	角
马	○	◎	○	○	△	×	△	×	×	◎	○	◎	◎	○	○	○	○	○	○	△	×
骆驼	○	○	○	×	×	△	△	△	×	○	◎	○	○	○	○	○	○	×	○	×	×
牛	◎	◎	×	×	△	×	△	×	×	×	×	○	×	◎	◎	◎	○	×	◎	◎	◎
绵羊	△	◎	◎	×	×	×	△	×	△	×	×	×	×	◎	◎	◎	○	×	◎	◎	○
山羊	△	◎	◎	×	×	×	△	×	×	×	×	×	×	◎	◎	◎	○	×	◎	◎	○
驴	×	◎	×	×	×	×	×	×	×	○	○	◎	×	△	×	×	×	×	△	△	×
骡	×	◎	×	×	×	×	×	×	×	×	×	◎	○	△	×	×	×	×	△	△	×

注: ◎指使用优先率　○指使用率良　△指使用率一般　×指几乎不使用

粪。与此相同，家畜资源的互补关系错综复杂，紧密相连（图 1-1）。平田认为蒙古游牧民早已认识到乳、乳制品与肉、内脏的季节性膳食的互补关系（平田，2013：139）。畜粪作为重要的燃料，在其他家畜资源的利用上扮演着不可忽略的角色。

梅棹忠夫以内蒙古的调查为基础，提倡"挤奶"和"去势"在畜牧业形态的成立中是具有划时代意义的两大技术的学说（梅棹，1976）。挤奶是在不杀动物的前提下，持续获得营养丰富的食物——奶的技术。从家畜获取奶的方法中幼畜被人类当作"人质"扣留，外出寻食的母畜为了喂奶而返回，这时人类挤出母畜要喂给幼畜的奶。梅棹指出，通过挤奶人类掌握了出色的家畜群管理技术（梅棹，1976）。人类管理家畜群的另一个技术是去势。通过给公畜去势，在不杀牲畜的前提下，就可以有效地管理畜群（改善家畜的性格和体质、抑制领地意识）、改善肉质（除臭、使肌纤维更细、改变脂肪积蓄状态），还可以让去势家畜的畜力、毛和粪等所有家畜资源在生活中得以利用（川又，2006：103）。也就是通过"挤奶"和"去势"这两个家畜群管理技术的开发，畜牧业成立。

然而，这两个家畜管理技术的开发和发展，与畜粪的利用有很深的关系。挤奶通常在母畜分娩后的哺乳期进行，牛的哺乳期在自然情况下有半年到一

图 1-1　家畜资源的互补关系

年，但是一般情况下，一方面哺乳期过长，奶量也会下降，另一方面为了让母畜恢复身体，尽早发情和受孕，人会给幼畜强制断奶。给幼畜断奶时，采取的一个方法是在母畜的乳头上涂畜粪。对牛，用的是牛犊排泄不久的粪，出生1、2个月的小牛犊，由于吃奶和草，其粪有独特的臭味。对绵羊和山羊，则用的是母羊和母山羊的黏性粪涂在乳头上。

对于去势这种畜牧技术，畜粪也起到了燃料、止血、消毒的作用。从马和骆驼的身体取出睾丸后，用畜粪燃料烧红的铁板压在切口上止血消毒。这种行为叫去势烙法，蒙古语叫海日夫（qairaqu）。马和骆驼去势后会出血，有时大量出血，甚至会死亡，因此去除睾丸后，需要处理伤口，烙法是马和骆驼去势时采用的最普遍的方法。牛、绵羊、山羊的去势不使用烙法，但畜粪也是不可缺少的。根据小长谷有纪的去势畜文化研究，牛的去势中用手术刀，水桶，木棍，牛粪。这里牛粪用于去势仪式，"牛粪的烟用来清洁牲畜。牛粪里添加生黍子，再加入烤小麦，点火冒烟"。（小长谷，2014：8—60）。所谓用畜粪烟清洁牲畜有两层意思，一是作为仪式；二是有实际的消毒作用。

由此可见，畜粪是畜牧业成立的两大技术的重要互补资源。在畜牧技术中，畜粪的利用不限于此。畜粪还用于家畜健康检查、烙印燃料及消毒、冬季雪灾期间家畜间的粪食（马粪作为牛、绵羊、山羊饲料再利用）、亲子识别、搜寻家畜的占卜、让外来家畜适应畜群的巫术、体力下降的家畜用畜粪烟熏的治疗等。除此之外，人类还把畜粪用于宗教、教育、建筑、医疗、战争、艺术等生活的各个方面。

畜粪利用与"挤奶"和"去势"一样，是畜牧业重要技术之一。畜牧业不可能靠"挤奶"和"去势"两个技术成立，而是多种基础技术决定了畜牧生产力。要阐明畜牧业的内部结构，需要在历史长河中看家畜资源利用的发展情况。总体上家畜资源的利用阶段分为：一、屠宰利用阶段：利用肉、皮、骨、内脏、器官、胃肠（以及内容物）、血等。该阶段的动物资源利用方法与狩猎阶段没有差异；二、不屠宰利用阶段：利用奶、畜力、毛、汗、血（活时利用）、粪、尿、胎盘、耳垢、气味等。该阶段是靠技术利用家畜资源；三、家畜资源的互补利用阶段：以上两个阶段的综合利用。该阶段畜牧业正式成立。总而言之，畜牧业成立中需要多种技术，其中畜粪利用很有可能也是一个关键技术。

应该重新审视梅棹学说的畜群管理技术的"挤奶"和"去势"。"挤奶"和"去势"是家畜成熟后才进行："去势"是公畜从仔畜变成成熟时进行，"挤奶"是以母畜怀孕和分娩的前提下进行。而拾粪行为与家畜的各个成长阶段都有关。"拾粪"中有可能蕴含着掌握"挤奶"和"去势"之前的家畜群管理的提示，毕竟"挤奶"和"去势"是驯化家畜之后的近距离接触，而拾粪即使是在驯化之前的野生或半野生状态时也可以进行。人们通过拾粪，从畜粪的多少、大小、颜色了解和判断畜群的规模、走向以及采食情况等。驯化之后产生一定规模的畜群，不适应长时间停留在满是畜粪的地方，需要移动到新鲜的放牧地。因此，放牧就需要收集营地的畜粪，或者移动地方。对于驯鹿，笔者通过内蒙古自治区呼伦贝尔盟的鄂温克族的实地调查得知这种特征更加明显。鄂温克族通过营地上驯鹿的粪便量决定移动的时间。"拾粪"行为有可能是产生游牧（游牧是畜牧的一种形态）生活方式的原因之一。

畜粪和家畜起源论

研究畜粪文化的另一个目的是阐明畜粪与家畜化起源论之间的关系。1995 年，松井健在《国立历史民俗博物馆研究报告第 61 集》中刊登了《分泌＝排泄物的文化地理学——奥德里库尔重新审视》这篇颇有意思的文章。松井健在奥德里库尔的分泌排泄物对家畜化过程中的作用的理论框架中，补充在东南亚潮湿的季风地带，狗和猪的祖先的野生物种，以人类排泄物作为食物，被人类排泄物吸引是家畜驯化的重要契机。不仅如此，人尿还在驯鹿的家畜驯化中起了重要作用。人尿中含有盐，驯鹿为了摄入盐，进入人类生活的范围。反过来，人类被分泌排泄物之一的牛奶所吸引，成为家畜驯化的重要契机（松井健 1995：171—185）。以下是松井对奥德里库尔学说的家畜驯化进程的总结（表 1-2）。

表 1-2　奥德里库尔学说的家畜驯化进程

	动物·动物的分泌物	家畜的过程	人·人的分泌排泄物
东南亚、东亚的湿润地带	猪、狗	靠近	人的排泄物（尿、粪）
欧亚和北美的北部地带	鹿	靠近	人的排泄物（尿）
中东、西南亚的干旱地带	绵羊、山羊、牛、马、骆驼、牦牛的分泌排泄物	靠近	人

资料来源：松井健 1995：173—175 为基础制作。

松井没有提到人类是否被家畜排泄物的粪的吸引。笔者认为，人类被奶吸引是畜牧化的问题，而不是家畜驯化的问题。平田昌弘（2013：438）认为，家畜驯化和畜牧化不同。"家畜的起源论与畜牧的起源论不同。家畜的起源论主要讨论野生动物何时被家畜化的问题。因此，即使农民定居时饲养数头动物，其饲养形态和生计问题不是该讨论的问题，饲养的是野生动物还是家畜是讨论的范围之内。而在畜牧的起源论中，家畜的饲养形态和生计成为问题。即使农民定居时饲养数头动物，那也不能说是畜牧"。笔者从这个学说的视角出发，认同奥德里库尔的把乳和粪的上级类别视为分泌排泄物的处理，因为很有可能绵羊、山羊、牛、马、骆驼等家畜的排泄物粪说是家畜驯化的重要原因。生活在树木资源较少的干旱地区的人们把野生动物的粪用于燃料，随着需求的增加，牛的野生物种有可能被家畜化。为了更深入分析，笔者认为对分泌排泄物的乳和粪，应该在各自的框架中进行探讨。其理由主要有以下两点。

首先，畜粪利用比乳利用更早。相比挤奶始于约1万年前，马文·哈里斯是这样写道："在捷克斯洛伐克，早在2万多年前，就已经有直径6米的圆形地板的冬季居住地。大量使用动物干燥的粪便和含有脂肪的骨头做成炉子，也充分使用地毯和床的住所，在很多点上比现代的贫民窟的公寓更好"（马文·哈里斯，1997：22）。在家畜资源的利用方面，历史上，畜粪作为燃料利用是古老的。

其次，从畜牧词汇上来看，在蒙古高原关于畜粪采集的畜牧专用词不像"挤奶"（saɣaqu）和"去势"（aɣtalaqu）般有专用名词的存在。而是用动词"拾"（tegükü）表示畜粪采集。没有表示畜粪采集的畜牧专用词的原因可能是"拾"（gathering），这个词是在更远古的采集狩猎社会时就已经形成。

采集畜粪的人在蒙古语中叫"arɣalčin"（阿日嘎拉钦），是指女性的专用词。阿日嘎拉钦是工作在离家畜野生动物最近的人们。她们很可能是挤奶技术的第一发现者。挤奶的人用蒙古语叫"saɣaličin"（萨嘎拉钦），也是指女性的专用词。以畜粪、奶这种物质文化为对象的畜牧研究与从女性的角度出发的畜牧业形成论和家畜起源论有着密切的关系。

第二章　研究方法与研究价值

　　本书的研究地域是"丝绸之路"沿线干旱区。"丝绸之路"是连接亚洲、非洲和欧洲的古今中外商业贸易路线。中国"陆上丝绸之路"沿线干旱地域是个多民族和多宗教融合的地方，可以说是中国内陆干旱地域文明形成的摇篮。在干旱地域文明形成过程中家畜文化的"家畜资源"充当了推动力。然而16世纪的西方海洋文明的兴起，造成干旱地域文明衰退，甚至破坏。但是，干旱地域文明仍然是一个古老且有独特生命力的文明，还有很多有值得挖掘和探讨的地方，这对现代社会的发展具有很重要的传承和启示作用。本研究着重考察"家畜资源"的一个组成部分——畜粪，通过畜粪文化研究分析现代中国内陆干旱地域文明动态。家畜文化有地域性、多样性、复杂性的差异。中国"陆上丝绸之路"沿线干旱地域畜牧文化大体上可分三大类型：草原森林型（内蒙古），高山峡谷型（青海、新疆），沙漠绿洲型（新疆）。在此分类的基础上，首先考察三个地域的畜粪名称体系。其次，解析三个地域的畜粪利用体系。最后，进行三个地域间的比较研究，建立畜粪文化论的理论体系。主要运用文化人类学的田野调查方法和比较研究方法。并以语言学、历史人类学、比较人文学、人文地理学的研究方法作为补充方法。本研究结合田野调查研究、文献研究、国际共同研究来完成，研究总体框架如图 2-1 所示。

田野调查研究

本项目田野调查工作用三年时间完成（2016—2018 年）。

第一阶段（2016 年）：三个不同地域的畜粪名称体系研究。掌握三个不同地域复杂畜粪名称体系是畜粪文化研究的基础。本项目将开展收集内蒙古地区蒙古族牧民、青海省安多藏区牧民和维吾尔族地区牧民日常生活中的畜粪名称。一是根据家畜种类、季节、家畜的发育阶段、有无冻结、干湿状态、粉状的各异而分类畜粪的名称。二是根据家畜通用的粪名称和家

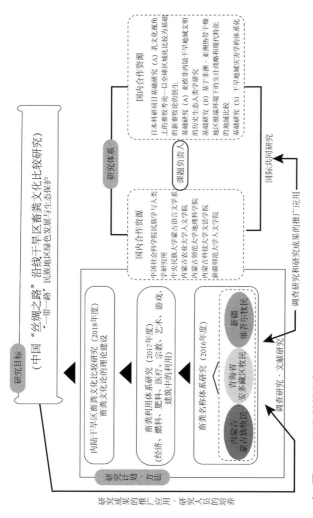

图 2-1 研究总体框架

第二章 研究方法与研究价值

畜各自的粪名称来整理畜粪名称。

第二阶段（2017 年）：三个不同地域的畜粪利用
体系研究。在三个不同地域的畜粪名称体系研究基础
上，进一步研究畜粪利用体系。这是本课题研究的核
心内容。主要调查在经济、燃料、肥料、医疗、宗
教、艺术、游戏和建筑等中的利用。

第三阶段（2018 年）：三个不同地域的畜粪文化
比较研究和建立畜粪文化论的理论基础。通过比较畜
粪名称体系和利用体系的地域差别，解读畜粪在畜牧
社会畜牧文化中的功能。

在这三年多的时间里，调研了内蒙古的巴彦淖尔
市乌拉特后旗（2016 年 6 月）、乌兰察布市四子王旗
（2016 年 7 月，2018 年 8 月，2019 年 7 月，2019 年
11 月）、通辽科左中旗巴音塔拉镇（2016 年 7 月）、
锡林郭勒盟锡林浩特市及二连浩特市（2016 年 7 月、
2018 年 8 月、2019 年 8 月）、呼伦贝尔市根河市敖
鲁古雅鄂温克民族乡（2018 年 8 月）、蒙古国的中央
省、后杭盖省、布尔干省（2017 年 6 月）、南戈壁
省、东戈壁省（2019 年 7—8 月）、青海省的格尔木
市、海西蒙古族藏族自治州都兰县宗加镇艾斯力金
村（2016 年 10 月）、新疆阿尔泰市、喀纳斯图瓦村、
伊犁哈萨克自治州霍尔果斯市（2017 年 7 月）等地。
还有，在日本访学期间多次走访了北海道十胜平原奶

农人家（2018年4月—2019年4月）。

文献研究

　　基于上述研究思路，考察了畜粪文化相关的文献资料。以畜粪文化为对象的文献资料中，从文化人类学的视角搜集关于畜粪文化的传教士与旅行者的记录、论文、随笔、辞典、著作。除了畜粪的文学作品的利用，文献收集法是追踪文献资料的参考文献和关键词检索而获得的资料。搜索关键词有"畜粪""畜粪利用""畜粪名称""畜粪文化"等。提取内容的基准是：对畜粪的拾粪行为，包括畜粪名称、畜粪利用方法。结果，提取了东亚内陆干旱地区有关畜粪文化的英语、日语、汉语、蒙古语的文献资料共26件。关于畜粪文化研究的文献资料数量少，原因是畜粪文化人类学的研究最近才开始。为了重新把在之前的畜牧研究中被忽略了的畜粪文化作为非常重要的文化项目，笔者把焦点放在片断的资料上进行分析。整理畜粪文化的研究动向，是今后系统全面地研究畜粪文化必不可少的分析工作。表2-1显示了本文分析的文献资料和调研地，图2-2显示了调查研究和文献研究分布。

表 2-1 本文使用的文献资料和实地调查地

序号	地方	族/部	采集家畜	引用
内蒙古				
C①	内蒙古中部克什克腾旗	蒙古族克什克腾部	牛、绵羊、山羊、马	敖布拉诺尔布 (1997)
C②	内蒙古中部锡林郭勒盟	蒙古族阿巴嘎、乌珠穆沁、苏尼特部	牛、绵羊、山羊、马、骆驼	包 (2014、2015a)
C③	内蒙古中部乌兰察布盟	蒙古族杜尔布特部	牛、绵羊、山羊、马	包 (2014)
C④	内蒙古	不明	牛、绵羊、山羊、马	西川 (1972)
C⑤	内蒙古中部锡林郭勒盟	蒙古族乌珠穆沁部	牛、绵羊、山羊、马、骆驼	色仍教日巴 (2003)
C⑥	内蒙古中部锡林郭勒盟	蒙古族阿巴嘎、乌珠穆沁、苏尼特部	牛、绵羊、山羊、马、骆驼	小长谷 (2014)
NE■	内蒙古东北海拉尔市	鄂温克族	庭	包 (2018)
W■	内蒙古西部巴音诺尔盟	蒙古族卫拉特部	牛、绵羊、山羊、马、骆驼	包 (2017a)
青海省				
E①	青海省黄南藏族自治州	藏族安多	牦牛、绵羊、山羊、马	南太加 (2016)
E②	青海省黄南藏族自治州	藏族安多	牦牛	星 (2016)
W■	青海省格尔木市	蒙古族德都蒙古部	牦牛、绵羊、山羊、马	包 (2017)
西藏				
C①		藏族	牦牛	格尔丹 (2003)
C②		藏族	牦牛	稻村 (2009)
E③	墨竹工卡县	藏族	牦牛	张 (2004、2013)
C④		藏族	牦牛	普布次仁 (2007)
C⑤		藏族	牦牛	David Rhode (2007)
新疆				
N■	北疆阿尔泰市、伊犁市	维吾尔族、哈萨克族、图瓦族	牛、绵羊、山羊、马	包
蒙古国				
C①	蒙古国	蒙古族喀尔喀族	牛、绵羊、山羊、马、骆驼	吉田 (1985)

21

编号	具体地点	民族	饲养家畜	参考文献
蒙古				
W①、W②、S①、S②、N①、C②	蒙古国科布多省、扎布汗省、后杭爱省、布尔干省、中央省省、南戈壁省	蒙古族哈尔咯族	牛、绵羊、山羊、马、骆驼	風戶 (2009、2017)
C③	蒙古国	蒙古族哈尔咯族	牛、绵羊、山羊、马、骆驼	鯷測 (1992)
S④	蒙古国南戈壁省、中戈壁省	蒙古族哈尔咯族	牛、绵羊、山羊、马、骆驼	包 (2017)
C■	蒙古国后杭爱省、布尔干省、色楞格省、中央省	蒙古族哈尔咯族	牛、绵羊、山羊、马、骆驼	包 (2019)
泰国				
东北泰①	泰国东北孔敬省	泰		小田 (2009)
印度				
N①	印度北部哈利雅纳州、拉贾斯坦州、古拉特州	印度	牛	遠藤 (2015)
N②	印度北部卡纳塔卡州、塔米尔纳杜州、哈里雅纳州	印度泰米尔	牛	小磯 (2015)
N③	印度北部哈利雅纳州	印度	牛	小茄子川 (2014、2015)
S④	印度南部德干、北达尔瓦地区	不明	牛	Peter G·Johansen (2004)
日本				
W①	日本西部京都府、滋贺县	日本	牛	石田 (1986)
N■	日本北北海道十胜	日本	牛、绵羊	包
伊朗				
S①	伊朗南部马利亚	伊朗	绵羊、山羊	Naomi F. Miller等 (1984)
意大利				
S①	西西里	不明	绵羊、山羊	Jacques E.Brochier (1992)

现场调查事件例和研究对象文献（黑框是实施实地调查；而且已在论文中出现的事件。白圈是文献资料当中的事件。黑四角是实施实地调查，但还未在论文中出现的事例）

22

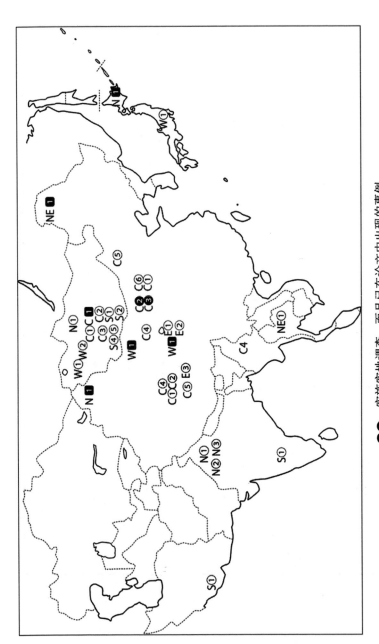

■❷…实施实地调查，而且已在论文中出现的事例
①②…文献资料当中的事例
⬛❷…实施实地调查，但还未在论文中出现的事例

⋮⋮ 图2-2 调查研究和文献研究分布

本次分析的文献资料中，有对拾粪行为和畜粪利用，以及对畜粪名称和利用这两方面进行讨论的文献。本文将这些文献资料分为拾粪行为、畜粪利用、畜粪名称三类。这三个是形成畜粪文化的关键因素。

国际共同研究

本课题为了从更全面、更多元化的角度了解畜牧文化，积极开展了国际学术交流与研究。2016 年以来成功举办了五次国际学术交流会和讲座。

（1）邀请日本带广畜产大学平田昌弘教授，举办了《世界乳文化中的蒙古乳文化的地位与价值》讲座，内蒙古科技大学文法学院，2018 年 8 月 9 日。

（2）邀请日本地球环境学研究所研究员石山俊和研究员手代木功基，举办了《亚欧非干旱畜牧文化研讨会》，内蒙古科技大学文法学院，2016 年 6 月 6 日——6 月 7 日。

（3）邀请美国印第安纳大学艾碧克（Aybike Seyma Tezql）博士，举办了《中世纪早期内亚草原与绿洲的关系》讲座，内蒙古科技大学文法学院，2019 年 5 月 18 日。

（4）邀请英国剑桥大学社会人类学系讲师

Thomas Richard Edward White 博士，举办了《骆驼鼻棍与人类学理论》讲座，内蒙古科技大学文法学院，2019年9月12日。

（5）邀请日本鹿儿岛大学尾崎孝宏教授，举办了《首届丝绸之路民族文化学术研讨会》，2019年7月5日。

研究价值·创新点

通过干旱地域的研究视角来审视人类史，可以发现目前人类人口在地球上扩散、分散、融合，达到了前所未有的庞大数量。由于地球人口膨胀的问题，今后资源短缺、枯竭、环境污染问题将日益严峻，另一方面伴随人类不同文化和种族间越来越频繁的交流、交往、交融，矛盾和争端也将日益突出，况且干旱地域也是资源不充足的地方，在干旱地域生存的人们清醒地意识到自身的不足而致力于发展商业交易，这才是干旱地域经济文化发展的物质基础。"丝绸之路"和"撒哈拉沙漠贸易路线"的形成就是资源不足的干旱地域文明寻求生存智慧的象征。而西方海洋文明是建立在森林和地下资源开发和扩大疆域基础上发展而来的，通过这种文明中产生的思维方式来解决当前全球性的资源不足和人口过剩等问题时有其本身的局限性，甚至容易激发矛盾。目前，中国是全球贸易大国，要在竞争激烈、瞬息万变的国际贸易环境中，始终保持本国的比较优势，首先需要思维方式的根本性转变。我们应该重新审视以资源不足的危机意识为前提发展起来的干旱地域文明的智慧。这是研究我国西部"丝绸之路"沿线干旱区畜粪文化比较研究的学术价值所在。

畜粪文化研究对"丝绸之路"沿线干旱地域地理环境、人文环境、生产方式，以及政治经济现状的由来能够有进一步的了解和掌握，对"一带一路"政策引导下的"丝绸之路"经济带的政策制定和完善能够有具体借鉴作用。这项研究将充实中国畜牧社会的理论研究内容，对世界畜牧社会研究领域也有拓展意义。

预期社会效益：

（一）为"一带一路"民族地区绿色发展与生态保护作贡献。从应用角度来说，支撑畜牧社会的家畜粪能源是一种绿色能源，同时充分体现了当地人民的因地制宜、变废为宝等生活智慧。具有发展和传承的价值。

（二）通过比较家畜粪利用的地域差别，解读畜粪在畜牧社会与畜牧文化中的作用，可以进一步了解中国内陆干旱地域畜牧文化的多重结构。由于地域的不同，饲养家畜的种类（五畜中的一种或几种）、类型（肉类、绒类、乳类等）的结构不同。要了解整体的畜牧文化，需要层层梳理多重结构，而畜粪的名称以及利用等研究是了解该地区牲畜结构的一个有力视角。

（三）本研究的成果还可转换成教学资源，丰富和发展人类学和民族学理论。

（四）本研究有畜牧经济价值。本研究的畜粪作为畜牧资源的研究视角，为畜粪的利用开发，对畜粪相关产品和产业，例如用畜粪制作的香、香皂、无污染燃料等研发制作有启发和促进作用，具有相当大的经济开发空间。

本研究的主要创新点：研究内容上，首先，第一次从文化的角度将畜粪作为主要研究对象进行系统分析，建立了畜粪文化研究模式——拾粪行为、畜粪名称体系、畜粪利用体系。本研究着重考察"家畜资源"的一个组成部分——畜粪，畜粪文化有地域性、多样性、复杂性的差异，可以通过畜粪文化研究分析中国丝绸之路沿线干旱地域文明动态。其次，借助畜粪文化的研究发现，对传统的家畜起源论以及畜牧社会的形成原理提出合理的质疑与新的补充，并且对畜牧社会的第三次革命做出了大胆构想。家畜起源、畜牧社会的形成以及畜牧社会的第三次革命与畜粪资源密切相关，因为在畜牧地区，每天都有大量畜粪被产出，且畜粪的产出是所有家畜资源中受到家畜性别及其生长阶段限制最小的。甚至拾粪行为是畜牧社会形成的前提技术。最后，从畜牧文化为切入点，来启发人类现今与未来发展应有的思维方式的转变。畜粪资源利用是以资源不足的危机意识为前提发展起来的干旱地域文明的智慧成果之一。畜粪文化在干旱地域的畜牧社会存在已久，长久以来却备受忽视。畜粪文化的发现，为畜牧社会乃至整个人类社会现存问题的解决以及未来出路的探索提供了新思路。

第二部分

拾粪行为：畜牧生活的
基本技术

牛粪落草可为肥料，拾堆可为燃料，它的循环也同步着草原的四季轮回。它是草的另一种存在形式，并以此种形式不断转化、链接，让游牧文明持续下去。

——张阿泉

第三章　家畜资源：粪

　　城市、畜牧和农业社会，对畜粪的价值观念差异
很大。畜粪在城市社会被视为"废弃物"，并被贴上
脏的标签。家畜排泄物处置和管理不当会造成环境污
染。因此，在城市社会中，畜粪不包括在"畜产品"
中。"畜产品"是在各种学术文献中广泛使用的术语，
但没有统一的定义，而且，畜产品所表示的产品类别
和范畴也非常模糊。如今，肉、奶、毛、皮被统称为
畜产品。而家畜的粪、尿、骨头、内脏等不包括在
"畜产品"中。粪在城市具有土壤改良的利用价值。

　　在农业社会中，自古以来畜粪是土壤改良的材料
和肥料。现在从畜粪回收沼气作为发电机和日常生活
燃料的事例也很多。

　　在畜牧社会中，对于畜粪的价值观念与城市社会
和农业社会完全不同。例如，在内蒙古自治区，家畜

的肉、奶、毛皮、粪、尿、内脏、毛、骨、汗、耳垢、胞衣、生殖器等"人类可以利用的家畜所有的产品"被称为"玛勒因·阿希格·希木（mal un asiɣ sim_e）"，汉译为"来自家畜的利益和营养"的意思。印东将资源描述为"是指在自然界中自然物被认为是人类生活所必需时所产生的概念"（印东，2006：3）。从这个角度来看，将畜粪称为"家畜资源"而不是"畜产品"更为合适。因为"畜产品"仅用于物质文化，而"家畜资源"除了物质文化之外还包括宗教、思想、哲学、道德、艺术、教育等精神文化。

综上所述，无论是城市社会、畜牧社会还是农业社会，畜粪是所有社会都会利用的家畜资源。畜粪是重要的家畜资源，有以下四个特点。

畜粪是与家畜的年龄、性别无关的家畜资源

不论年龄或性别，家畜都会排泄粪便。幼畜（牛犊）出生后约2周开始吃草。约3—4周后，排泄的粪与正常的畜粪相似。也就是说，幼畜的粪在出生后1个月左右就可以用作畜粪燃料（表3-1）。白天，母畜去放牧地给幼畜提供断奶食，主人则把干草挂在

门口，幼畜一边玩，一边一点一点地扯下来吃。这是仔畜最初的断奶食。断奶时的幼畜粪有独特的气味，这是由野草和奶混合进食导致的。

表 3-1　仔畜的吃草开始时间和正常粪排泄时间

家畜	草食开始时间	正常的粪
绵羊·山羊	7—8 天后	15—20 天后
牛	7—10 天后	30—40 天后
马	8—10 天后	20—30 天后
骆驼	7—10 天后	30—40 天后

资料来源：锡林浩特市访谈调查（2010）。

畜粪是在量上具有持续性和稳定性的家畜资源

牲畜每天都会排泄大量的粪，因此，粪是持续稳定的牲畜资源。

在东亚内陆干燥地区，畜粪晒干所需的天数，除了夏季的雨季和冬季的积雪期以外，大约 3—7 天。冬天的羊粪被排泄的当下，就可以作为燃料利用。因为到了冬天，羊吃水分少的野草，喝水也少，所以排泄的粪的水分也较少。也就是说，畜粪可以全年作为燃料被利用。而在东亚内陆农业地带相对潮湿的环境，由于畜粪保持水分并易于发酵，畜粪经常被用作堆肥。

　　以内蒙古自治区的事例来观察了解畜粪生产量。这里使用的畜粪生产量是基于笔者 2012 年内蒙古自治区锡林郭勒盟的数据制作的。

　　根据内蒙古统计局 2009 年《统计年鉴》，内蒙古自治区的总家畜头数为 9596.8 万头。其中，牛 881.8 万头，马 70.9 万头，骆驼 11.6 万头，绵羊 5552.5 万头，山羊 2959.7 万头，驴 88.2 万头，骡子 32.1 万头。

　　表 3-2 是家畜排泄的湿粪量。根据笔者于 2012 年 8 月在内蒙古自治区锡林郭勒盟实施的调查，成年牛 1 天平均排泄 24.6 公斤的湿粪。也就是说，每头牛一年大约排泄 9 吨。内蒙古的 881.8 万头牛每年排泄约 7920 万吨的湿粪。

表 3-2　家畜的粪排泄量

家畜	一天排泄量（公斤）/ 头	一年排泄量（吨）/ 头	一年排泄量（吨）/ 总头数
牛	24.6	9	7920 万
马	10.98	4	283.6 万
绵羊・山羊	0.88	0.32	1515.68 万

资料来源：笔者的调查（2012）和内蒙古自治区统计局（2009）。

　　成年马一天平均排泄 10.98 公斤湿粪。也就是说每头马一年排泄约 4 吨湿粪。内蒙古自治区 70.9 万头马每年排泄约 283.6 万吨湿粪。

成年绵羊和成年山羊一天排泄 0.88 公斤湿粪。
也就是说，每头绵羊或山羊一年排泄约 0.32 吨湿粪。
内蒙古自治区 8512.2 万头绵羊和山羊每年排泄约
1515.68 万吨湿粪。

以此类推，内蒙古四畜每年排泄约 9719.28 万吨
畜粪。在家畜资源中，没有一个资源的生产量能与畜
粪的生产量相提并论。

畜粪是根据家畜饲料的不同而在利用上
会发生变化的资源

畜粪作为燃料还是肥料取决于喂给家畜的饲料，
包括野草、牧草、浓缩饲料等。在传统的畜牧业中，
野草是家畜的主要饲料资源。在近代畜牧业中，主要
饲料是牧草[①] 和浓缩饲料。根据家畜摄入的饲料，排
泄出来的畜粪的成分大不相同。食用的野草的种类、
野草的生长时期、野草的水分含量、野草的部位不
同，排泄畜粪的形状和成分也不同。

根据《蒙古族民俗百科全书》，在内蒙古被家畜

---

① 牧草是指人工选择育种和栽培的草本植物。

食用的野草有 81 科 312 属 916 种野草。其中，禾本科植物最多，有 130 种，其次是豆科植物，有 108 种（布仁特古斯，1999）。饲养多种家畜可以有效利用这些植物。即使是同样的植物，不同家畜采食植物不同的部位。羊吃野草的叶子和枝头的尖端，牛可以吃下面的部位，马吃剩下的野草部位。与其他家畜不同，马是夜间活动动物，晚上也吃野草。内蒙古牧区家畜从夏季的 5 月到 8 月间采食新鲜的青草①。在其他时期，主要采食干草②。牧民到了秋季的 9 月就开始收割野草，在寒冷的冬天到春天期间给家畜提供干草。

20 世纪 80 年代开始，随着内蒙古族牧民的定居化，除了野草以外，还开始给家畜提供牧草和浓缩饲料。因此，使用"牧区"一词时需要区分以野草为饲料的传统牧区与以牧草和浓缩饲料为中心的现代牧区。

畜粪是自古以来作为燃料利用的资源

马文·哈里斯写道："在捷克斯洛伐克，早在 2

---

① 青草是指还在保持青色的草，刚刚割下的草，是当天喂食的草（梅棹，1990：414）。
② 晒干的草，用来储备的草（梅棹，1990：414）。

万多年前，就已经有直径 6 米的圆形地板的冬季居住地。大量使用动物干燥的粪便和含有脂肪的骨头做成炉子，也充分使用地毯和床的住所，在很多点上比现代的贫民窟的公寓更好"（马文·哈里斯，1997：22）。在家畜资源利用方面，畜粪作为燃料的利用非常久远。但是，由于畜粪在土中容易分解，很难获得像马文·哈里斯举出的事例那样的研究资料。也就是说，像考古学资料那样发现发掘物和遗迹是极其困难的，这也许是畜粪文化的学术研究处于全无状态的原因之一。

第四章　畜粪有关的词汇

畜粪有很多的名称。干燥的牛粪被称为阿日嘎拉；干燥的绵羊、山羊、骆驼的圆形粪被称为呼日嘎拉；干燥的马粪被称为霍木拉。阿日嘎拉和呼日嘎拉的词源是"阿固""呼日"，意为"凝固"或"干燥"（表4-1）。

表4-1　畜粪名称的词源

畜粪名称/蒙古语标记	古语	词源	词源的意思
阿日嘎拉/arγal（牛）	arγalsun arγasu arγas	aγ	凝固，指液体变成固体的现象，但也有干燥的意思
呼日嘎拉/qorγul（绵羊、山羊、骆驼）	qorγulsun qorγusun qorγusu	qor	干燥
霍木拉/qomul（马）	juntaγul (zundaγul) tuntuγul tuntulayi	tuntuyi	圆圆的膨胀的状态

以下是对蒙古古典文学《蒙古秘史》和《江格尔》中有关畜粪的词汇进行考察，了解畜粪名称的历史。

《蒙古秘史》中的畜粪名称

《蒙古秘史》是一部记录 12、13 世纪蒙古民族的崛起时期，以完成民族统一事业的英雄成吉思汗的一生为中心，建立蒙古帝国的历史性文学。原文是汉字音译本。这里的蒙古语罗马字标记使用的是白鸟库吉的标记。

原文：

豁儿豁速訥 帖堆 阿米你—顔 豁羅渾 合剌禿 合郎忽 合卜察剌 石兒窟速

qorγosun-u tedüi amin（i）-jan qoroqun qaratu qaranγu qabčal_a sirγusu

豁儿豁速訥 帖堆 阿米訥 米訥 豁里牙安 客捏 孛勒答忽—由必

qorγosun-u tedüi amina-a min-u qorijaγan ken-e boldaqu-ju bi

（白鸟，1942，卷三，19a-19b）

这里译成"羊粪"的"qorγosun"是蒙古语的霍日嘎森，指羊粪。是呼日嘎拉的古语。

原文：

阿泥 额薛 亦列额速 斡惕抽 秣骊訥 准答兀勒 篾圖 豁兒埋剌周

an-i ese ireγesu odču morin-u zundaγul metü qormailažu

阿（卜）赤剌惕者 必答 帖迭额里

abčirad-že bida tedeger-i

（白鸟，1942，卷六，17a）

这里译为"污物"的"zundaγul"是蒙古语的准托拉，是干燥的马粪。是霍木拉的古语。

如上所述，在《蒙古秘史》中使用意为干燥的羊粪的"霍日嘎森"，用来比喻自己生命的渺小；使用意为干燥的马粪的"准托拉"，其原意是用来比喻抛弃敌人的尸体如同收集装运它一样简单。"准托拉"一词现今仍在使用，但一般干燥的马粪用"霍木拉"。

《江格尔》中的阿日嘎拉采集者

《江格尔》是大约 500 年前创作的英雄史诗。该故事在蒙古族牧民间传承和流传至今。该故事中出现专业的阿日嘎拉采集者——阿日嘎拉钦。

原文：

aryalčin čibayančin tayaralduju gen_e jer jebseg tai er_e bayitala aday un mayu aryalčin nada eče abqu sayin taqin ban asayuday ni yayu bile gejeyi

（乌·扎格德苏荣，1991：80—81）.

中文译：

见到阿日嘎拉钦和其巴嘎钦……（中略）作为持有武器的男人从卑微的阿日嘎拉钦询问自己的妻子是何故……

"阿日嘎拉钦"是"阿日嘎拉＋钦"的组合。在"阿日嘎拉"的专有名词后接加表示职业的连接词"钦"（čin），表示负责阿日嘎拉的采集和管理的人，是专业的阿日嘎拉采集者。

第五章　拾粪工具

　　游牧民族经常移动，以其拥有的工具少而闻名。在游牧民所拥有的为数不多的工具中，许多与畜粪有关。在蒙古高原，拾粪有笼子（aroγ，阿日嘎）、弯身拾粪的粪叉（sabar，萨布日）、掐住畜粪燃料的剪刀（γalun qaiči，嘎日因海其）、放入畜粪燃料的箱子（arγalun abdar_a，阿日嘎啦因阿布塔日）、挖出焚烧灰的铲子（ünesun maltaγur，乌尼孙玛拉图尔）和刨畜粪层的锄头等。拾粪中作为背筐使用的阿日嘎的利用方法和制作方法很特别。把阿日嘎背在背后、背带挂在两肩上，再把背带缠绕在胸前的左手肘固定好（前臂肘下方 5—6cm 处）。左手腕自由活动可辅助右手，右手握住萨布日的中心部位，左手握住萨布日的把柄。拾起干燥的畜粪，丢到背后的阿日嘎里。阿日嘎除了用于拾粪以外还有很多用途。如用于运送干草和仔畜、作为椅子使用、作为人的生育辅助工具、遗体的搬运等。阿日嘎是用树枝和生皮制作。制作时，首先在地面上挖洞，做成阿日嘎的模型，然后将树枝嵌入模型后弯曲。用生皮固定交叉的地方。阿日嘎在畜牧生活中是必不可少的生产工具。

在本章中，对与蒙古族牧民的畜粪相关的民具的种类、制作方法和利用进行考察。民具是指一般平民使用或在一般民众中流传下来的生活工具（中村，1981∶3）。采集畜粪时使用的民具可以举出筐子（阿日嘎、萨嘎苏）、粪叉（萨布日）、夹住畜粪燃料的夹子（嘎拉因·亥其）、放畜粪燃料的箱子（阿日嘎拉因·阿布塔日），还有取出烧灰的耙子（乌尼苏奈·马拉图日）等。

阿日嘎

阿日嘎的结构

被称为阿日嘎的筐子是用柳条（borɣasu）、生皮带子（sir）、用马毛、羊毛编织的带子（oɣosur）做成的。用于阿日嘎的生皮带子（sir）被称为乌德日（üdegeri）。使用生皮是因为生皮干燥后收缩，可

以勒紧阿日嘎。纵向骨架的柳条，被称为马塔嘎斯
（mataɣasu）。横向骨架的弯曲圆形柳条被称为查嘎
日嘎（čaɣariɣ），上面一个查嘎日嘎，下边一个查嘎
日嘎，总共二个（表5-1）。

表5-1　阿日嘎的材料

部位名称	特征	材质	条数	长（一条）
马塔嘎斯	纵向骨架	柳条	28	2 米
查嘎日嘎	横向骨架	柳条	3	1.8 米
乌德日	固定的绳子	牛的生皮	3	2.6—2.8 米
奥古索日	背负的绳子（背带）	马毛、羊毛	1	1—1.5 米

　　锡林浩特市宝力根苏木 E 嘎查的 S 氏家里的阿
日嘎的上面的直径为 76 厘米，深为 45 厘米。根据制

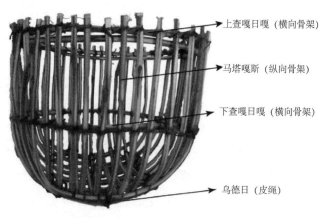

上查嘎日嘎（横向骨架）

马塔嘎斯（纵向骨架）

下查嘎日嘎（横向骨架）

乌德日（皮绳）

图5-1　阿日嘎

作的人和柳条的情况阿日嘎的大小不一，阿日嘎一般
分为大人用和孩子用的阿日嘎。在阿日嘎里可放入
25—35 公斤的冻牛粪（Küldegüsü），10—20 公斤干
燥的粪（阿日嘎拉）（图 5-1）。

　　用于制作阿日嘎的柳条在秋末、初冬或初春时用
镰刀切割，切割时避免从根部切割，防止柳树枯死。

　　锡林浩特地区是草原地带，树木种类非常少。主
要用于与畜粪相关的民具的树木是杨柳科和榆树科
（表 5-2）。

表 5-2　畜粪相关的工具

萨布日（sabar）	迭日图（deltü）	Ulmus macrocarpa Hance	榆树科	谷、山地、沙漠地带
萨苏（saγsu）	博日嘎苏（borγasu）	Salix microstachya Turcz.apud Trautv.var.borben-sis (Nakai) C.F.Fang	杨柳科	平地、沙漠、河边
乌尼苏奈·乌拉图日（ünesün maltaγur）	海拉苏（qayilasu）	Ulmus pumila L.	榆树科	山地、沙漠地带
阿日嘎拉因·阿布塔日（arγal un abdar_a）	海拉苏（qayilasu）	Ulmus pumila L.	榆树科	山地、沙漠地带
阿日嘎拉因·青格日嘎（arγal un inggelig）	博日嘎苏（borγasu）	Salix microstachya Turcz.apud Trautv.var.borben-sis (Nakai) C.F.Fang	杨柳科	平地、沙漠、河边

阿日嘎的制作方法

制作阿日嘎在蒙古语中称为绑"阿日嘎"（aroγ boγuqu）。男人和女人都可以做，一般男人做，据说手劲大的人做的阿日嘎结实。做得结实的阿日嘎可以用二三十年以上。根据制作的阿日嘎的大小，决定使用的材料的数量和长度。下面介绍锡林浩特市牧民制作阿日嘎的过程。

首先准备 28 根马塔嘎斯和 2—3 根查嘎日嘎，共计31根柳条，以及用于乌德日的生皮带子7.5—8.4米。乌德日使用湿的生皮带子，干燥后生皮带子会收缩，勒紧阿日嘎的框架。

准备好以上材料，开始制作阿日嘎。

1）地面上挖一个模具洞，里面弯曲阿日嘎的马塔嘎斯和查嘎日嘎的柳条。

2）在 3—4 厘米深的模具洞中均匀排列 28 根马塔嘎斯。

3）用 2 根查嘎日嘎的柳条，把查嘎日嘎固定在马塔嘎斯的内侧。用皮带把马塔嘎斯和查嘎日嘎交叉的地方缠绕固定。

4）从模具洞中取出，把完成的框子倒扣。

5）将阿日嘎底部的马塔嘎斯交叉部分用皮带固定。

6）最后，在口子两侧结用骆驼毛、羊毛、马尾巴毛（哈力嘎苏）、马鬃毛或是羊毛拧成的扁平的奥古索日（背带）。奥古索日的长度为 1—1.5 米。扁平便于背负，也不会弄疼背着的人的肩膀和手肘。

阿日嘎的使用方法

背阿日嘎的方法与日本的民具相似。

NakaMura Takao 在《日本的民具》中提到，日本背东西的方法有以下三种类型：头部支撑（前头支撑）法、双肩支撑法、胸部支撑法。

头部支撑法是指背筐时，将筐的背带挂在额头上（发际线附近）背东西。

双肩支撑法就像背包一样，将筐子等两侧的两条背带挂在两肩上。

胸部支撑法是像把物品用包袱包起来背一样，在胸前系上包袱的两端或背带（中村，1981：52）。

背阿日嘎的方法类似于将双肩和胸部支撑法结合起来，不同的是在胸前把背带放在肘部外侧固定。

图 5-2 表示了阿日嘎的使用方法。将阿日嘎上部的背带在胸前放在左手肘（前臂肘下方 5—6 厘米处）外侧固定。左手手腕处可以自由活动的状态，以辅助右手。右手握萨布日（粪叉）的中心，左手握住萨布

日的手柄底部，铲起完全干燥的畜粪，扔到背后的筐
子里。

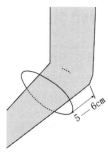

┊ 图 5-2　用阿日嘎捡拾牛粪

收集阿日嘎拉（牛粪）是女性的工作。一般由
年迈的女性背着阿日嘎完成。首先收集家附近的阿
日嘎拉，然后收集畜棚的呼勒德苏，最后捡牛过
夜的地方以及牛走动的地方的阿日嘎拉。通过捡
阿日嘎拉，女性锻炼背和手的力量（布仁特古斯，
1999：360）。

阿日嘎的其他用途

阿日嘎除了用于采集畜粪之外，还有多种用途，
包括幼畜的移动、干草的装运、作为椅子、作为人
类分娩辅助工具、葬礼上遗体的装运等。具体用法
如下：

绵羊和山羊的幼畜在远离营地的地方出生时，把幼畜放进阿日嘎带回家。

把干草装在阿日嘎里从草堆拿到畜棚喂给家畜。

倒放阿日嘎，可以当作椅子坐在上面。

作为人类的分娩辅助工具。分娩时膝盖跪地，双手抱住倒放的阿日嘎，便于用力。

用阿日嘎装运尸体。关于阿日嘎在葬礼上的使用，小长谷记录如下："装运遗体时，一个人背或几个人抬过来驮在马或骆驼上，或者放在马或骆驼拉的车上。具体使用哪种方法取决于自然环境和贫富差距。驮在家畜上的时候，绑在家畜身上，为了制衡重量，另一侧装上沙土。有时把尸体装在采集畜粪的阿日嘎"（小长谷，1998：174）。

阿日嘎以外的工具

装畜粪的箱子，在蒙古语中被称为阿日嘎拉因·阿布塔日（arɣal yin abdar_a）。放在陀鲁嘎（火炉）旁。

剪刀形的火钳，在蒙古语中被称为嘎拉因·亥其（ɣal yin qaiči）。夹住阿日嘎拉放入火中，还用来搅动火堆。

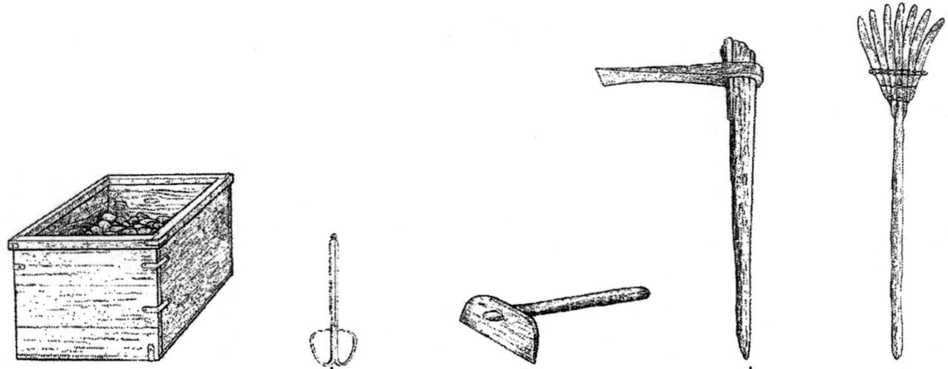

图 5-3 畜粪相关的工具

a 粪箱
(阿日嘎拉因·阿布楂日)
(长45×宽45×高40cm)

b 火钳
(嘎拉因·多其)
(40×12cm)

c 灰耙子
(乌尼苏奈·马拉图日)
(长60cm)

d 锄头
(朱图)
(30×90cm)

e 粪叉
(萨布日)
(长110cm)

资料来源：梅棹，1990：583—585。

第二部分　拾粪行为：畜牧生活的基本技术

取出火炉中烧灰的耙子，在蒙古语中被称为乌尼苏奈·马拉图日（ünüsün ünesün maltaγur）。

朱图（jüütü）是刨起厚厚的硬化的绵羊或山羊粪时使用的工具。锄头这个词来自汉语的"锄头"。

捡畜粪的粪叉，在蒙古语中被称为萨布日（sabar）（图 5-3）。

第六章　拾粪、装运、储藏的方法

在蒙古高原和青藏高原，畜粪的采集和加工主要是女性的工作（包海岩，2014：144；星泉，2017：27；南太加，2018：104）。畜粪采集实际上是重体力劳动，既费时又费力，一般在挤奶前后进行。畜粪的采集不只是捡拾畜粪，还要对畜粪进行加工，晒干并回收。与畜粪相比采集物更接近收获物（风户，2017：58）。因此，我们将包括畜粪的采集和加工在内的行为统称为"拾粪"。在蒙古高原和青藏高原，拾粪行为可分为集中拾粪期和非集中拾粪期。拾粪主要在春季和秋季进行。秋天进行拾粪，是为了准备漫长的冬季燃料，冬季畜粪冻结，短时间内不能作为燃料。春天进行拾粪，是因为夏季排泄的畜粪含有大量水分，干燥后变薄，加上被屎壳郎等昆虫侵蚀，或被雨淋湿，不能作为燃料。因此，需要在春季准备夏天的畜粪燃料。毫无疑问，畜粪是每天的生活中必不可少的燃料，可以说是一年当中被利用得最多的家畜资源。

拾粪行为是畜粪利用的第一步。家畜不同，拾粪行为也不同；拾粪行为不同，畜粪文化也不同。蒙古高原主要饲养牛、马、骆驼、绵羊、山羊，称之为五畜。青藏高原主要饲养牦牛、马、绵羊、山羊。关于拾粪行为，笔者在博士论文中对与畜粪有关的民具、采集、搬运、储藏进行深入的研究和详细的描述。

拾粪者主要是女性，还有小孩。特别是上了年纪的女性是拾粪的重要劳动力。拾粪方法因家畜而异。拾牛粪的时候，拾粪者常常背着阿日嘎，手里拿着萨布日，一边走一边捡分散的牛粪扔进阿日嘎带回家。牛粪多的时候，把捡到的牛粪堆积在小丘等视野良好、不被雨水冲走的几个地方，经过数日干燥后集中在一处，用马车或牛车运送到营地。

绵羊和山羊的粪很小，不能像牛粪一样一一采集。但是，有其他方法，比如用扫帚扫。此外，对于在畜棚或围栏中长期积累的绵羊和山羊的粪，它们被绵羊和山羊脚踩踏、碾碎、挤压，形成厚厚的畜粪层——呼日京，可以用锄头刨起后晒干。马和骆驼的粪通常不像牛、绵羊、山羊的粪那样用作燃料，而且马和骆驼的放牧地点离居住地较远。尽管畜粪没有明确的所有权，但人们也会主动避免在其他人的住所附近随意采集畜粪。

关于拾粪，在被誉为日本人类学和考古学先驱的鸟居龙藏百年前出版的《蒙古旅行》中有如下的记载：

西乌珠穆沁钦，1908年5月8日。

当地缺少树木，皆烧牛粪。将牛粪当作薪柴，总有人认为不洁。然蒙古空气干燥，不消两三日牛粪便已干透，其臭味自然消失。是故，烧牛粪没有不洁的气味，当然，加些汽油，火力更强，故牛粪是非常好的燃料，取之不尽，用之不竭。蒙古人背着柳条编织的木篓，手里拿着粪叉，行走在牧场里捡拾牛粪。拾来的牛粪要像砌墙一样堆在毡房的周围，以供早晚使用。拾牛粪常是女人、小孩、仆人的工作。每年秋冬，狂风暴雪不得出门。是故，这里人们每年夏天常多储存些牛粪（鸟居，2018：98—99）。

拾粪方法

采集时期

为了了解牧民的畜粪采集、装运、储藏的实际情况，有必要区分草原的利用形态。草原的利用形态大致分为放牧利用和割草利用（秀丽等，2008：84；赛那，2007：179）。

调查地锡林浩特市的 E 嘎查和 S 居委会，自 20世纪 80 年代开始，割草区域（qadalang）① 成为个人所有。割草区域是山麓的长草型草地。20 世纪 90 年代后半期开始，放牧区域（belčeger）也成为个人所有。放牧区域有湿地、短草型草地、固定沙丘。

E 嘎查和 S 居委会于 1997 年开始草地承包制度，并实施了牧草地分配。1997 年以前，牧草地是共有地。然而，在割草区域内排泄的畜粪不属于土地所有者，而是属于采集的人。畜粪的采集是在营地附近日常进行，在营地附近没有大量畜粪的情况下，人们会去远离营地的牧草地采集畜粪。采集的是处于干燥状态的畜粪。1997 年以后，牧草地成为了个人所有地，畜粪完全归属于土地所有者。游牧也不再是传统畜牧形式，而是渐渐变成有棚舍的圈养。

随着 1990 年左右开始在内蒙古自治区推进定居化，畜粪的采集、装运、储藏方法也发生了变化。以下以牧草地分配时间为界限，分为牧草地分配以前的

① 在割草区域，从春末开始禁止家畜出入割草地，在牧草成熟、开花的营养价值高的时期进行割草，割下的草在割草地晒干后运到宿营地。在冬季和春季作为饲料喂给家畜。

放牧时期和牧草地分配以后的舍养时期分别叙述。

牧草地分配以前的放牧：

阿日嘎拉的采集工作可以分为集中采集时期和非集中采集时期。集中采集工作主要在秋天和春天进行。秋天采集大量的阿日嘎拉，准备过冬。秋天雨水少，畜粪容易干燥。春天也集中采集阿日嘎拉。春天的阿日嘎拉非常干燥，且硬，火力很强。除了秋天和春天集中采集畜粪，只要有时间，每天或者隔几天都会进行。在草原上常年都会看到拾粪的人的身影。

绵羊和山羊在夜间被关在畜棚或围栏里。每天晚上排泄的粪、尿、草、毛等在冬天里会被绵羊和山羊的脚碾压，被压成厚厚的呼日京，将其切割成四方形瓦状，晒干一年后使用。养绵羊和山羊较多的家庭，夏天和秋天也能切割呼日京。

牧草地分配以后的舍养：

对于舍养的牛羊，阿日嘎的采集工作几乎每天都在进行。家畜白天在自家的牧草地内吃草，晚上回到畜棚过夜，排泄粪便。为了畜棚内的卫生，每天必须要进行畜粪采集。

采集工具

牧草地分配以前的放牧：

阿日嘎的采集时，使用叫阿日嘎的背筐和叫萨布日的粪叉。呼日京的采集使用锄头和萨布日。

牧草地分配以后的舍养：

在阿日嘎拉的采集中使用推车和萨布日。由于短距离的采集，有推车和萨布日就够了。呼日京的采集也同样使用锄头和萨布日。

劳动力

牧草地分配以前的放牧：

家畜在共有牧草地放牧，所以要去离家较远的牧草地采集阿日嘎拉。采集阿日嘎拉的主要是女性，此外还有孩子和老人。特别是年长女性，她们是采集畜粪的重要劳动力。需要力气的呼日京的切割由男性来进行（吉田，1982：72）。女孩从15、16岁左右开始通过捡呼日德苏（冬天的冻牛粪）来锻炼背和手的力量。阿日嘎拉的采集是女性的工作（布仁特古斯，1999：359—360）。

关于牧民家庭内部的性别角色分工，西川叙述如下："家畜的放牧、挤奶、家务活、做饭、燃料阿日嘎拉的采集都是妇女和女孩的工作。除此之外，有时会看到她们缝纫、刺绣等针线活儿的身影。父亲的主要工作是2—3天去看一下常年在外放牧的马和骆驼。有时鞣皮、制作毡子、修理马鞍、马嚼子或狩猎等。除此之外，父亲还需要一年2—3次在骆驼背上驮上羊毛、黄油和皮革去汉人地区"（西川，1972：309）。

锡林郭勒市的 T 氏（女性，56 岁，医生）这样回忆自己母亲的拾粪。

"我的母亲于 1999 年去世。享年 80 岁。直到去世的前一天，还背着阿日嘎捡阿日嘎拉。是一个特别能干的人。养育了我们六个兄弟。也许是因为常年背阿日嘎，一般人上了年纪背就会向前弯曲，但是母亲的背挺直"。

牧草地分配后的饲养：

上了年纪的女性几乎都远离了采集畜粪的工作。用铁丝网围住了牧草地，男性不再需要去查看放牧的家畜了。而且，也不用再寻找失踪的家畜。由此男性开始参与采集畜粪的工作。每天都需要打扫畜棚，需要捡当天或隔天潮湿状态的畜粪，把相对完整的湿粪放到空地上晒干。由于潮湿状态下移动，加上为了晒干反复翻面，阿日嘎拉容易粉碎，作为燃料的效果变差。

冬天的主要工作就是喂牛、收集畜粪。采集畜棚的呼勒德苏是力气活，牛的数量越多工作量就越大。不论男女都采集呼勒德苏，在家附近阳光照射的小山丘等高处排成一列晒干。摆放时要避免不被春天的化雪浸湿。到了春天，把晒干的呼勒德苏用于燃料或用于作为畜粪堆的外墙，对此下节会详细介绍。

采集场所

牧草地分配前的放牧：

在畜棚和家附近、牧草地等地进行牛粪采集。主要在牧草地采集。呼日京的采集是在畜棚和围栏内进行。

牧草地分配后的舍养：

随着牧草地私有化的推进，每个家庭会用铁丝网围住所有牧草地，畜粪自然就变成了家畜主人的。采集畜粪的距离缩短为1—2千米范围内。可以在家附近捡到大量的畜粪。在定居之前，夜间家畜会在离营地远的地方过夜，但是定居后，夜间会让家畜在营地附近过夜，因此营地附近的畜粪量大幅增加。

采集过程

牧草地分配前的放牧：

畜粪采集者背着阿日嘎，手里拿着萨布日，一边走一边捡散落的阿日嘎拉（图6-1）。捡到阿日嘎拉后，还要选择小山丘等视野开阔、且不被雨水冲走的地方来晾晒。采集到一定数量的粪，就用马车、驴车运到营地。

牧草地分配后的饲养家畜：

采集畜棚、营地附近潮湿状态的牛粪，用推车运

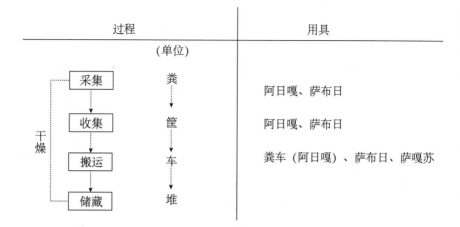

┊ **图 6-1　放牧地分配前的牛粪采集过程**

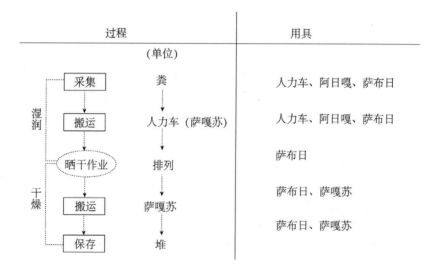

┊ **图 6-2　放牧地分配后的牛粪采集过程**

到晾干的地方，排成一列晒干（图6-2）。为了尽快晒干，会反复给阿日嘎拉翻面。关于晒干畜粪，西川有如下叙述："干燥的大地和空气，加上强烈的阳光直射，不到一个月就晒干畜粪。蒙古草原只要有家畜的地方，燃料就会源源不断出来"（西川，1972：306）。

夏季和秋季，畜粪不到一周就晒干。把干燥的阿日嘎拉装入萨嘎苏①（saɣsu），用畜粪堆的形式保存。

装运方法

牧草地分配前的放牧：

装运畜粪时，经常使用马车和驴车。在马车和驴车上放置被称为哈希亚（qasiy_a）的用柳条编织的围栏，把捡到的畜粪放进去装运。也有使用铁制围栏的情况。

牧草地分配后的舍养：

变成了近距离移动，几乎看不到使用阿日嘎、马车或驴车。取而代之的是人力车的推车和机械三轮车。

① 类似阿日嘎，相比阿日嘎的柳条更细，孔也小，但不如阿日嘎结实和轻。多用在农业地区。

储藏方法

储藏位置

　　蒙古族牧民的居住空间里设有畜棚、家畜围栏、干草放置处、车库、拴马桩、奶制品晒干处、畜粪储藏处、扔灰处等。畜粪的贮藏位置和扔灰处的位置通常固定，阿日嘎拉堆一般是在房子的西或西南方。蒙古草原上的风大部分是西风，西侧通风良好，保持阿日嘎拉堆干燥。冬季，阿日嘎拉堆也是人和家畜的避风处。而东或东南方是扔灰处，避免阿日嘎拉灰中混杂着火种，即使被风吹散，也不会吹到阿日嘎拉堆里。锡林郭勒盟地区一户牧民家的空间布局如图 6–3 所示。

储藏方法

　　草原上随处可见阿日嘎拉堆。堆放的形状与用土堆成的田或田埂的形状相似，被称为"达郎泰·阿日嘎拉"（田埂·阿日嘎拉）。通过田埂·阿日嘎拉外形的精细和数量，可以看出这个家庭女性的工作能力（吉田，1982：73）。

　　田埂·阿日嘎拉的制作方法有 4 种：一是把较大的阿日嘎拉垒在外围，里面放入阿日嘎拉；二是在有

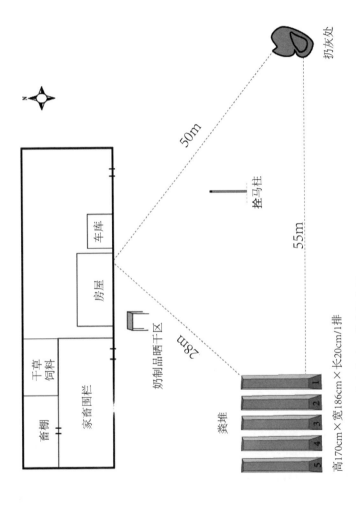

图6-3 内蒙古牧民居住空间布局

第六章 拾粪、装运、储藏的方法

树的地方，用木头做栅栏，里面放入阿日嘎拉；三是将羊达嘎（daγ）即羊夏天的粪层和呼日京（kürjing）即羊冬天的粪层垒在外围，在里面放入阿日嘎拉（图6-4）；四是也有在达嘎和呼日京外侧涂抹巴苏（牛刚排泄的湿粪）。关于涂抹巴苏的储藏方法，吉田顺一叙述如下："为防止畜粪被雨或雪弄湿，用苫布等将其覆盖，但一般用牛的巴苏在堆积起来的干粪外侧涂抹加固。当巴苏干燥后，就会变成防水墙，雨水不会浸入。需要时在畜粪堆的下部挖开洞，根据需要取出里面的畜粪就可以了"（吉田，1982：73）。

┊ **图6-4 畜粪堆**

（笔者于2010年摄于内蒙古自治区锡林郭勒盟正镶白旗，宽1.86m×高1.70m×长36m）

第二部分 拾粪行为：畜牧生活的基本技术

涂抹巴苏的工作一年进行两次。大概在 5 月下雨之前和 9 月下雪之前进行。田埂·阿日嘎拉在自然状态下，约 30—40 年内风化，之后无法作为燃料使用。呼日京也约 30—40 年内风化。

综上所述，以 1997 年牧草地分配为界，畜粪的采集、装运、储藏方法发生了巨大变化。在分配牧草地之前，五畜在草原上排泄的畜粪属于捡拾它的人，但是在分配牧草地之后，属于家畜的主人。而且，畜粪的采集、装运、储藏的家庭劳动分配从女性和孩子变成了成年男性。原因是家畜主要排泄在畜棚内，清扫、畜粪晒干等与畜粪相关的劳动增加了。

第三部分

畜粪名称体系：认知的升华

没有鲜花的草原只是略显寂寞，
没有牛粪的草原却要日趋荒芜。

——张阿泉

第七章　蒙古牧民的畜粪名称

本章以蒙古高原（内蒙古自治区、蒙古国）的蒙古牧民为对象，探讨五畜（牛、马、骆驼、绵羊、山羊）的畜粪名称。蒙古牧民有 30 多个五畜的畜粪名称。根据季节、家畜的成熟阶段、冷冻状态、粉状态、干燥状态等，有各种各样的名称。极少数词汇存在地域性差异。下面梳理关于畜粪名称的先行研究和研究情况。

卢布鲁克（1989：5）和约翰·格雷戈里·伯克（1995：10）的记述中没有提及畜粪名称，但对畜类利用方面只是略有提及。

西川在《蒙古游牧民生活智慧》（1972）中表示，阿日嘎拉指的是牛的干牛粪，而呼日京指的是绵羊、山羊的粪、尿、泥、砂等凝固层（西川，1972：302—312）。西川的论文后来对吉田的论文产生了重大影响。

　　吉田（1982：64—86）在"阿日嘎拉和呼日嘎
拉——蒙古畜粪燃料考"中，详细论述了蒙古的畜
粪名称。日本的畜粪名称，只有一个，而蒙古的畜
粪名称复杂而多样。吉田记录了巴古查（baγuča）、
亚拉嘎达苏（ilγadasu）、巴·斯（baγasu）、阿
日嘎拉（arγal）、霍木拉（qomul）、呼日嘎拉
（qorγul）、呼日京（kürjing）、乌托克（ödüg）、准
嘎克（jungγaγ）、希日·阿日嘎拉（sir_a arγal）、
哈日·阿日嘎拉（qar_a arγal）、呼和·阿日嘎拉
（küke arγal）12个畜粪名称，详细分析了其含义和利
用方法。这项研究在畜粪名称研究方面史无前例。

　　鲤渕（1992：101—106）也详细记录了关于蒙
古的畜粪名称。鲤渕搜集的畜粪名称与吉田（1982：
64—86）搜集的畜粪名称大体上类似，但是关于畜粪
的利用方法的描述则不同。例如，"马粪经过两、三年
就被称为'呼和·霍木拉'（蓝色的霍木拉）。表面发
青，不透雨，是非常好的燃料。下雨也没关系，因此
士兵在战场上使用，也叫策日格霍木拉（军队的霍木
拉)"（鲤渕，1992：104）。这是畜粪军事利用的最初
报告。

　　梅棹（1990：582—585）记录干燥的牛粪称为阿
日嘎拉，还详细描绘了畜粪燃料工具。该研究是在

1944 年进行的。

小长谷和堀田（2013：118—134）论文中，小长谷亲自拍照畜粪（阿日嘎拉、呼日京、阿日嘎拉堆等），并对照片进行说明。这可以说是对 1944 年左右梅棹忠夫的蒙古调查素描的现代版畜粪利用状况的补充。

参布拉敖日布（1999：187—214）提到五畜的粪便名称。排泄后不久的湿粪都被称为"巴苏"。干牛粪称为"阿日嘎拉"，干马粪称为"霍木拉"，绵羊、山羊、骆驼的粪称为"霍日嘎拉"。除此之外，还提到牛的阿日嘎拉下级的详细分类名称。参布拉敖日布还提到，阿日嘎拉的不同名称，"哈日·阿日嘎拉"（黑色的阿日嘎拉）、"希日·阿日嘎拉"（黄色的阿日嘎拉）、"查干·阿日嘎拉"（白色的阿日嘎拉）、"西巴嘎苏"（代替黏土使用的牛粪）。

2015 年笔者以"畜粪名称体系——以内蒙古自治区锡林郭勒盟为中心"为题的多角度利用畜粪的事例研究刊登在《沙漠研究》。2014 年 12 月综合地球环境学研究召开了沙漠杂志分科会研究会／南亚生计研究会第四次研究会"世界的半干旱地区的畜粪利用"，其内容发表在《沙漠研究》特辑报道中。这是在日本首次尝试系统地理解干旱地区和半干旱地区的畜粪文化。在此，以内蒙古的畜粪利用事例为基础得出，"畜粪约有 34 个名称，根据家畜种类、季节、家

表 7-1 蒙古高原畜粪名称体系

序号 No	中文音译	罗马字标记	牲畜 畜名	采食各阶段 哺乳初乳之前	哺乳初乳期间	吃草以后
1	亚拉嘎达苏	ilγadasu	全畜	O	O	O
2	巴苏	baγasu	全畜			O
3	恰恰嘎	caciγ-a	全畜			
4	准嘎克	jungγaγ	全畜	O	O	
5	哈日·准嘎克	qar-a jungγaγ	全畜	O		
6	希日·准嘎克	sir-a jungγaγ	全畜		O	
7	霍木克	qomuγ	全畜			O
8	呼和·霍木克	küke qomoγ	全畜			O
9	乌托克	ötüg	全畜			O
10	色布斯	sebesü	反刍畜			O
11	阿日嘎拉	arγal	牛			O
12	哈日·阿日嘎拉	qar-a arγal	牛			O
13	希日·阿日嘎拉	sir-a arγal	牛			O
14	查干·阿日嘎拉	cayan arγal	牛			O
15	哈日布图日·阿日嘎拉	qaltar arγal	牛			O
16	乌兰·阿日嘎拉	ülan arγal	牛			O
17	呼和·阿日嘎拉	kühe arγal	牛			O
18	萨日孙·阿日嘎拉	sarisun arγal	牛			O
19	乌吉日·阿日嘎拉	üjil arγal	牛			O
20	乌木克·阿日嘎拉	ümüg arγal	牛			O
21	希巴斯	sibaγasu	牛			O
22	呼日德苏	küldegüsü	牛			O
23	霍木拉	qomul	马			O
24	哈日·霍木拉	qar-a qomul	马			O
25	希日·霍木拉	sir-a qomul	马			O
26	呼和·霍木拉	küke qomul	马			O
27	呼日嘎拉	qorγul	羊、山羊			O
28	呼日京	kürjing	羊、山羊			O
29	呼和·呼日京	küke kürjing	羊、山羊			O
30	达克	daγ	羊、山羊			O
31	霍克	qoγ	羊、山羊			O
32	希格克	sigeg	羊			O
33	霍日嘎拉	qorγul	骆驼			O
34	阿日嘎拉	arγal	骆驼			O

形状						状态						颜色					
圆	薄	软	块状*	粉状	堆积	冻结	干燥	湿润	腹泻状	干枯	粘状*	黑	黄	青	白	黑白	红
							o										
								o	o								
											o	o					
											o		o				
											o						
				o			o										
				o										o			
				o			o										
			o				o					o					
			o				o						o				
			o				o							o			
			o				o								o		
			o				o										o
			o				o										
			o				o							o			
	o		o				o										
		o	o				o			o							
			o				o				o						
						o	o										
			o				o										
			o				o					o					
			o				o						o				
			o				o							o			
o																	
					o		o							o			
					o		o										
					o												
				o													
											o						
o																	
			o				o										

畜的成熟阶段、冻结的有无、干湿状态、粉末状态而名称不同"，明确了且梳理出畜粪名称体系。五畜的畜粪名称被分为五畜共同和五畜固有的名称，其中，五畜共同的粪名称10个，各畜固有名称24个（表7-1）。

以下从文化人类学的角度，对蒙古牧民的畜粪名称体系进行整理。蒙古族的畜粪名称中存在识别词汇体系。该畜粪名称体系非常复杂。畜粪名称主要根据家畜采食的各阶段的食物（初乳、野草）和畜粪的形状、状态、颜色的不同而不同。也就是说，在畜粪名称体系中，家畜采食的食物、畜粪的形状、干燥状态是三个非常重要的命名条件。这些畜粪名称可以大致分为五畜共同的和五畜固有的（两大部分／类）。

这里使用的资料是基于从2010年到2020年，在内蒙古自治区锡林郭勒盟、巴彦诺尔市、乌兰察布市、蒙古国南戈壁县进行实地调查所得的资料。从这些地区了解到34个有关五畜畜粪的名称。文学上，畜粪名称在蒙古族之间没有很大的差异，但在现实生活中地区之间的差异很大。在这种情况下，将哪个名称作为正式名称是一个很难的问题。

五畜共同的畜粪名称

巴苏

包括人类在内的所有动物在体外排泄的粪便被称为巴苏（baγasu）。家畜体外排泄的湿粪也叫巴苏。但是，绵羊、山羊、骆驼的小圆形畜粪多使用呼日嘎拉这个名称。

恰恰嘎

在蒙古语的口语中，五畜腹泻的畜粪被通称为"恰恰嘎"（čičaγ_a）。"恰恰嘎"也用在人身上，但是与家畜的恰恰嘎意思稍有不同，其意思是受到惊吓，以此嘲笑和咒骂别人时使用。对人不在正式场合使用恰恰嘎，不过孩子腹泻时常用。春天的时候，喝了雪融化以后水的五畜经常腹泻。对于绵羊和山羊，腹泻是患重病的症状。随着季节的交替，肺炎以及其他呼吸道疾病和腹泻等消化器官病也会增多。牧民根据恰恰嘎的情况对五畜进行治疗。

霍木克

经干燥、压碎的畜粪，其名称为五畜共有的，被通／同称为霍木嘎（qomuγ）。放置一段时间的霍木嘎被称为呼和·霍木克。霍木克可用作堆肥。

准嘎克

幼畜在母畜体内时的胎便或者吃初乳后的畜粪被称为准嘎克。喝初乳之前的胎盘便被称为哈日·准嘎克（黑准嘎克）（qar_a jungγaγ）。哈日·准嘎克颜色发黑。排泄哈日·准嘎克是幼畜内脏机能健全的证据。出生后短时间内（2—3 天）母畜分泌的初乳被称为"奥日嘎"（uγuraγ）。吃奥日嘎的幼畜排泄的粘黄色畜粪被称为希日·准嘎克（黄准嘎克）（sir_a jungγaγ）。调查地锡林浩特市的牧户采集牛犊排泄的希日·准嘎克重约 80 克。

奥图嘎

家周围的畜粪被家畜和人踩踏，先变成粉末状态，后逐渐形成厚层。这被称为奥图嘎（ötüg）。

色布斯

牛、骆驼、绵羊、山羊等反刍动物第一胃中的内容物被称为色布斯（sebesü）。蒙古牧民对色布斯和粪的认识有很大的不同。色布斯不属于粪的名称体系。不过，在排泄畜粪之前的各种状态都各有名称。

色布斯自古以来就有用于民间治疗的做法。

牛、绵羊、山羊等反刍动物有四个胃。但是，骆驼的第三胃和第四胃几乎没有区别。第一胃固哲（güjege）通过细菌和微生物的作用分解食物。第二胃赛恩·萨日黑那嘎（sayin sarqinaγ）反复收缩并将半消化的草再次送到嘴里。在第三胃毛·萨日黑那嘎（maγu sarγinaγ）里流入反刍后变成黏稠的草，并在第三胃的褶皱中机械性地被磨碎，使其更细碎，更易于消化后被送到第四胃。第四胃浩德图（qoduγudu）排出消化液分解有机物和微生物。幼畜主要使用第四胃。幼畜吃奶时食道关闭，不让奶接受胃内微生物的分解，而直接送到第四胃。第一、二、三胃在幼畜出生时非常小，随后生长发育就非常迅速（佐佐木，2000）。

五畜固有的畜粪名称

牛粪名称

干燥后的牛巴苏（刚排泄的畜粪）被称为阿日嘎拉（arγal）。一般家庭使用的燃料大部分是牛的阿日嘎拉。牛粪的名称是五畜中最多的。春、夏、秋、冬都有相应的名称。其名称命名特点是基于畜粪的颜色。主要有黑（哈日）、黄（希日）、青（呼和）、白（查干）等颜色。畜粪的颜色取决于家畜摄入的牧草和饮用水。

哈日·阿日嘎拉（黑阿日嘎拉）

春季的饲料主要是年前收割的干草。吃了干草的牛粪呈黑色，当黑色畜粪变干时，被称为哈日·阿日嘎拉（qar_a arγal）。用于燃料时火力最强。因为硬，不易粉碎而适合搬运。

希日·阿日嘎拉（黄阿日嘎拉）

秋天喂牛的草主要是诺伊勒（noyil）草、希如衮·洪其日（sirügün qungčir）等草。这些植物在秋天结种，当牛吃这些带种的草，其畜粪含油量增加，畜粪的颜色就变成黄色。因此被称为希日·阿日嘎拉（sir_a arγal）。希日·阿日嘎拉晒干3、4天后作为燃料使用。希日·阿日嘎拉的火力很强。

查干·阿日嘎拉（白阿日嘎拉）

初夏排泄的牛粪，经过一年晒干后被称为查干·阿日嘎拉（čaγan arγal）。颜色呈白色，火力很弱。

哈拉图日·阿日嘎拉（黑白阿日嘎拉）

从仲秋到初冬，家畜吃青草和干草。这个季节转变时排泄的畜粪晒干后会变成黑白色，所以被称为哈拉图日·阿日嘎拉（哈拉图日为黑白相间的意思）。

乌兰·阿日嘎拉（红阿日嘎拉）

初冬，吃干草后排泄的畜粪晒干会变成红色，被称为乌兰·阿日嘎拉。

呼和·阿日嘎拉（青阿日嘎拉）

晒干一年以上非常干燥的牛粪被称为呼和·阿日嘎拉（küke arγal）。关于呼和·阿日嘎拉，鲤渕信一描述为："过了2、3年变青黑的被称为呼和·阿日嘎拉"（鲤渕，1992），正如他所说，畜粪的颜色是青黑色。

萨日孙·阿日嘎拉（薄阿日嘎拉）

初夏的草被称为诺嘎（noγuγ_a），吃了诺嘎的牛的巴苏非常稀薄，晒干后颜色会变成灰色，被称为萨日孙·阿日嘎拉（sarisun arγal）。初夏，牛排出的巴苏被屎壳郎等昆虫侵食，干燥后会变成薄薄的状态，此时正值雨季，会被雨水冲走。萨日孙·阿日嘎拉火力最弱，不适合用作燃料。

乌吉日·阿日嘎拉（隔年阿日嘎拉）

一年以上在自然状态下晒干的畜粪被称为乌吉日·阿日嘎拉（üjil arγal）。乌吉日·阿日嘎拉因为火力弱，很少被用作燃料。

乌木克·阿日嘎拉（蓬松阿日嘎拉）

呼日德苏解冻后晒干的畜粪被称为乌木克·阿日嘎拉（ümüg arγal）。乌木克·阿日嘎拉质地柔软，容易点燃。因为容易变成粉末状态，很少移动。

希巴斯（涂抹阿日嘎拉）

把刚排泄出来的湿的牛粪涂在柳条栅栏或墙壁等外侧。这种涂抹的畜粪干燥后被称为希巴斯（sibaɣasu）。

涂抹牛粪到畜棚上是为了防止畜棚留有缝隙，保护家畜不受寒冷。此外，在畜粪堆外侧涂上希巴斯，可以起到防风防水的作用。涂抹时间是五月和九月。发生雪灾时，如果燃料用完，会把希巴斯作为燃料使用。

呼日德苏（冻粪）

冬天冻结的牛粪被称为呼日德苏（küldegüsü）。

马粪名称

马干燥的畜粪被称为霍木拉（qomul）。霍木拉也被称为托恩托古日（tuntuɣul）、托恩托来（tuntulayi）或准图古日（juntaɣul）。霍木拉富含纤维，易燃，可作为引火材料。因为马不反刍，畜粪就像凝固的草团一样，耐烧性差，不适合用作燃料。但容易燃烧，可以作为引火材料，是烧火时不可缺少的东西（鲤渊，1992）。有时霍木拉和阿日嘎拉一起烧。跟霍木拉的形状不一样的马粪没有专门的名称，一般称为莫日因·巴苏（morin baɣasu，马粪）。

哈日·霍木拉（黑霍木拉）

冬季的霍木拉被称为哈日·霍木拉（qar_a qomul）。冬季草料被积雪压住时，哈日·霍木拉也能作为牛的饲料。

希日·霍木拉（黄霍木拉）

秋季的霍木拉被称为希日·霍木拉。希日·霍木拉燃烧后会冒出大量的烟。

呼和·霍木拉（青霍木拉）

晒干 2 年以上的霍木拉被称为呼和·霍木拉（küke qomul）。呼和·霍木拉的表面泛着青光，不透雨，即使下雨也会持续燃烧，因此经常在战场上使用，有"策日嘎·霍木拉"（čirig ün qomul，军队霍木拉）的称号（鲤渊，1992）。

骆驼粪呼日嘎拉

骆驼的圆球形的粪被称为呼日嘎拉（qorγul）。骆驼的呼日嘎拉是 100 日元硬币大小的圆球。骆驼粪并不总是小球形，草原地带饲养的骆驼夏天和秋天的畜粪，成大块，像牛粪。大块潮湿状态的畜粪被称为特么恩·巴苏（temegen baγasu）（特么恩为蒙语的骆驼），晒干后称为特么恩·阿日嘎拉。

绵羊、山羊粪名称

呼日嘎拉

绵羊、山羊的小球形畜粪被称为呼日嘎拉（qorɣul）。一般呈黑色，是五十日元硬币大小的圆球。不论干湿，都被称为呼日嘎拉。吃饱了的成年羊一晚上（晚上 19:30—早上 6:00）平均排泄 613 个畜粪，重 450 克（根据笔者的称重）。

呼日京

从晚秋到初春，绵羊、山羊的畜粪与尿、草、毛等被家畜踩踏、碾碎、挤压，形成畜粪层，这被称为呼日京（kürjing）。达到一定厚度后用铲子挖出并晒干，一般呈长方形（长 30—35 厘米，宽 20—25 厘米，厚 18—20 厘米），类似砖头，用于垒畜棚墙壁或畜粪堆外墙。呼日京的火力强，据牧民说，燃烧时长是畜粪燃料中最长的，是冬季重要的燃料。

呼和·呼日京

多年的呼日京被称为呼和·呼日京。

达克

夏季夜晚把绵羊和山羊关在畜棚里。绵羊和山羊在畜棚里排泄大量的畜粪和尿。排泄的畜粪被绵羊和山羊踩踏、碾碎、挤压，最后凝固成畜粪层。从初春到晚秋被绵羊和山羊踩踏、碾碎、挤压的畜粪被称为达克（daγ）。与呼日京相同的方法被挖掘晒干。

霍克

绵羊、山羊的干燥畜粪，被绵羊、山羊脚踩踏成粉末状的，被称为霍克（qoγ）。

希格克

粘在羊尾巴上的畜粪被称为希格古或星格嘎（sigeg 或 singgeg）。雄性和雌性的粘在尾巴上的希格克的量不同。母羊的畜粪中混杂着尿，所以与公羊相比希格克的量多。希格克变多时，尾巴的皮肤会生蛆，危害羊的健康。希格克也用于民间治疗。

以上以蒙古高原为中心，对畜粪的名称进行了系统的分析。蒙古牧民有很多与五畜粪相关的名称，词典上他们也有各自明确的意思，但是到目前为止，关于整个名称的内容体系还不清楚。在先行研究中，只涉及几种主要畜粪，没有关注和记录更详细的种类和名称。这些没有被记录的畜粪名称，在"近代"畜牧生活中正在逐渐消失。

本章中进一步明确了五畜共同的畜粪名称和五畜固有畜粪名称体系的存在。五畜共同的畜粪名称主要是关于湿状态和粉状态的畜粪，而五畜固有的畜粪名称以家畜采食的草、畜粪的形状、干燥状态为非常重要的命名条件（表7-1）。此外，在这些条件的基础上，根据畜粪的颜色会随季节发生变化，还以颜色

为其命名。总而言之，畜粪的名称主要是以作为燃料
利用为前提，而根据畜粪的颜色，可以判断火力和耐
烧性的强弱。众多的畜粪名称也表示了畜粪的多种利
用。畜粪的多种利用超越时代和地域，如今成为蒙古
畜牧文化的重要组成部分。

第三部分　畜粪名称体系：认知的升华

第八章 藏族牧民的畜粪名称

以青海省的安多藏族牧民为对象，探讨他们饲养的牦牛、绵羊、山羊、马的畜粪名称。在青藏高原有效利用家畜资源的畜牧文化也很发达。与畜粪相关的词汇相当丰富，比蒙古高原还多。笔者于 2017 年 10 月在青海省的蒙古族聚居区进行研究调查。青海民族大学的南太加和日本东京外国语大学的星泉教授等研究小组主要研究关于青海省藏族牧民的畜粪名称。

星泉（2016：25—28）"利用粪的达人"中关于安多牧民的畜粪（牦牛粪）名称有呼吉亚（牦牛粪）、日玛（羊粪）、呼多尔（马粪）、欧诺瓦（像燃料一样干燥的东西）等。这本书详细介绍了西藏牧民的燃料用粪加工过程。根据星泉的说法，燃料用粪加工过程是从拾粪开始。他还指出拾粪是女性长时间进行的重体力劳动，而且打扫干净牦牛生活的地方有很深的

表 8-1 青海高原畜粪名称体系

序号 No	牲畜种类 中文音译	罗马字标记	畜名	采食各阶段 哺乳初乳之前	哺乳初乳期间	吃草以后	舔土	0-1岁	出生1个月-2
1	直布*	tshad'bu	牦牛、羊、山羊	○					
2	留	lud	牦牛、牛、羊、山羊			○			
3	留森	lud spungs	牦牛、羊、山羊			○			
4	留如	lud rul	牦牛、羊、山羊			○			
5	布齐	bud rgyu	牦牛			○			
6	瓮瓦	aong ba	牦牛			○			
7	瓮伦	aong rlon	牦牛			○			
8	瓮卡姆	aong skam	牦牛			○			
9	瓮斯	aong su	牦牛			○			
10	瓮如	aong rul	牦牛			○			
11	瓮森	aong sbungs	牦牛			○			
12	呼齐	lci ba	牦牛			○			
13	呼齐泰	lci bsdus	牦牛			○			
14	呼齐兑格	lci gyog	牦牛			○			
15	呼齐仍	lci rlon	牦牛			○			
16	兑呼齐	'gro lci	牦牛			○			
17	呼齐卡姆	lci skam	牦牛			○			
18	卡晶	skya aong	牦牛			○			
19	恩郭布齐	sngo lci	牦牛			○			
20	恩郭瓮	sngo aong	牦牛			○			
21	屯瓮	ston aong	牦牛			○			
22	滚瓮	dgun aong	牦牛			○			
23	坦萨	thang sa	牦牛			○			
24	那格日嘎	nag rug	牦牛				○		
25	斯托嘎	spri rtug	牦牛		○(出生3日以内)				
26	乌日托嘎	'o rtug	牦牛		○(出生3日以后-吃草)				
27	维日嘎	be'u rug	牦牛			○		○	
28	维呼齐	be'u lci	牦牛			○		○	
29	粘瓦	rnyang ba	牦牛			○			
30	呼绰	rtso	牦牛			○			
31	粘丘	rnyng'chol	牦牛			○			
32	呼齐郭日	lci gor	牦牛			○			
33	呼齐热布	lci leb	牦牛			○			
34	瓮郭日	aong kor	牦牛			○			
35	瓮热布	aong leb	牦牛			○			
36	呼齐贡	lci sgong	牦牛			○			
37	呼齐日嘎	lci rug	牦牛			○			○
38	瓮罗	aong lud	牦牛			○			
39	直布日嘎	gtsabs rug	牦牛			○			
40	鹿日霄嘎	kho shog	牦牛			○			
41	鹿热布	kho leb	牦牛			○			
42	直日嘎	btsur rug	牦牛			○			
43	唐日嘎	thang rug	牦牛			○			
44	呼齐热	lci ra	牦牛			○			
45	瓮热	aong ra	牦牛			○			
46	呼齐嘎	lci sga	牦牛			○			
47	呼齐岗	lci khang	牦牛			○			
48	呼齐嘎姆	lci sgam	牦牛			○			
49	热齐嘎	rwa 'khyag	牦牛			○			
50	齐嘎扭	'kyag bug	牦牛			○			
51	里玛	ril ma	羊、山羊			○			
52	里留森	ril lud	羊、山羊			○			
53	里森	ril sbung	羊、山羊			○			
54	托里	rtu lu	马			○			
55	塔齐	rta phye	马			○			
56	托丘	rtu'chol	马			○			

加工		放牧前后		利用用途			形状						状态						季节				颜色
有	无	以前	以后	工具	燃料	建筑	圆	扁	块状*	碎屑	粉状	堆积	冻结	干燥	湿润	腹泻状	腐烂	潮湿	春	夏	秋	冬	有色
	○																						
	○				○																		
	○									○	○		○										
	○										○						○						
	○							○					○										
	○				○								○										
	○																	○					
	○				○								○										
	○				○								○								○	○	
	○				○																		
	○													○									
	○													○			○						
	○													○									
	○													○			○						
	○													○									
	○	○												○									
	○				○								○										
	○				○									○					○	○			
	○				○								○						○	○			
	○				○								○								○		
	○				○								○									○	○
	○				○								○										
	○																		○		○		
	○																						
	○				○								○										
	○													○									
	○															○							
	○						○							○									
	○				○		○	○						○									
	○				○			○					○										
	○				○	○						○			○								
	○				○							○			○								
	○				○					○		○											
○					○								○										
○					○		○		○大				○										
○					○				○小				○										
	○					○																	
	○			○		○																	
	○					○																	
	○					○																	
	○			○																			
	○			○																			
	○																						
	○									○			○										
	○			○							○		○										
	○																						
	○									○			○										
	○							○															

寓意。此外，2018 年由星泉为代表的研究团队编纂
《西藏畜牧文化辞典》，收录了很多安多地区藏族牧
民的畜粪名称，共计 31 个，并附有每个畜粪名称的
含义和解释。

南太加（2018：99—109）把畜粪根据季节、家
畜的成熟阶段、放牧前后、干燥、湿润、冻结、加
工、颜色、样子、用途、状态分类。这里收录了青海
省藏族牧民的畜粪名称 56 个（表 8-1）。这是关于安
多地区藏族牧民的畜粪名称系统记录的首次论述。笔
者根据南太加的论文，制作藏族畜粪名称体系表 8-1，
但无法保证记录了所有名称。

藏族牧民的畜粪名称命名依据中比较特别的是
加工这一行为。放牧前排泄的牦牛粪被称为究呼齐
（grolči）。只要不下雨与雪，藏族牧民每天都会加工
究呼齐。一年使用的燃料大多在冬天加工。据南太
加表示："冬天比夏天干燥，而且挤牛奶量少，乳制
品加工的工作也少，因此一般在冬天加工畜粪"。牦
牛粪加工后被称为查布日嘎（gtsabs rug）、廓日霍
嘎（kho shog）、廓热布（kho leb）、查日嘎（btsur
rug）、唐日嘎（thang rug）等。

第九章　中国部分少数民族及日本的畜粪名称

　　笔者于 2017 年在新疆维吾尔自治区进行实地调查。2018 年夏天，对内蒙古自治区海拉尔市鄂温克族、汉族以及日本北海道居住的奶农进行了调查。这里综合介绍维吾尔族、哈萨克族、汉族、鄂温克族以及日本的畜粪名称。

　　维吾尔族、哈萨克族、图瓦族牧民的畜粪名称比蒙古族牧民和藏族牧民的少。

　　维吾尔族牧民把牛和马的畜粪称为帖扎克（tezak），把骆驼粪称为库木勒克（kumulak），把绵羊和山羊粪也称为库木勒克（kumulak）或玛亚克（mayak）。

　　哈萨克牧民把牛粪称为帖扎克（tezak），把马粪称为阿拉坦布（altanbo），把骆驼粪称为帖右布（teyubo）。把绵羊、山羊粪称为库木勒克（kumulak）。把羊的黏糊状粪称为嘿（hei）。

图瓦族牧民把牛粪称为阿日嘎孙（arγasun），把马粪称为米亚（miya）或米亚格（miyaγ）。阿日嘎孙是阿日嘎拉的古蒙古语，这与青海省蒙古族牧民的牛粪名称相同。

汉族无论是牧民还是农民，把所有畜粪都称为粪（fen）。汉族把畜粪主要用于肥料。畜粪的名称只有"粪"，但是肥料的名称很多。

到了宋元时代，肥料种类达到60多种，其中人畜、家禽粪有13种。南宋《陈旉农书》中"田粪之宜"篇中提及的肥料有：大粪（人粪）、鸡粪、苗粪（栽培的绿肥）、草粪（利用野草、树叶、杂草、秕做成的肥料）、火粪（熏土、熏肥等肥料）、泥粪（沟、池中的泥和人的大小便混合而成的肥料）等。元代的《王祯农书》中也记录这些肥料（粪）名称。汉族的文化中非常重视粪，有"粪田胜如买田""惜粪如惜金"等成语。

鄂温克族的生活中取火的材料以各种树木为主，几乎不用动物的干粪。他们把人和家畜粪叫阿木恩（amun）。在鄂温克族的敖鲁古雅方言中，驯鹿的粪被称为奥日克塔（orokta）。在鄂温克族的苏伦方言中，奥日克塔是指牛粪。

日本不存在将家畜的畜粪详细分化的名称体系，不论干湿全部称为"粪"（fun）。

上述诸民族没有畜粪名称体系，因为他们生活在狩猎社会或农业社会，并不直接或者很少直接利用畜粪。基于此，可以清楚地划分没有畜粪名称的民族和拥有丰富的畜粪名称的民族。也就是说，畜粪利用体现了农业、狩猎、畜牧社会的分歧点。

第九章 中国部分少数民族及日本的畜粪名称

第四部分

畜粪利用体系：价值的扩展

于是主对我说：『看哪！我给你牛粪代替人粪，你要将你的饼烤在其上。』

——《旧约圣经》以西结书 4 章 15 节

第十章　蒙古高原上的畜粪利用

　　蒙古高原上畜粪除了作为燃料或肥料，还有其他多种利用。本章探讨畜粪的多种利用体系，首先整理畜粪利用有关文献。

　　最早提到蒙古高原畜粪燃料的是传教士和旅行者的记录。意大利的圣方济各会士卢布鲁克（1182—1252）记录"鞑靼人燃烧牛马粪烹调食物"（卢布鲁克，1989：5）。这可以说是不把畜粪作为燃料利用的人受到异国文化的冲击后写下的记录。这些传教士和探险家遗留下来的记录尚未从学术角度进行研究，但有关畜粪记录成为畜粪文化研究的重要资料。

　　1891年，约翰·格雷戈里·伯克的《各国的粪尿祭祀》（*Scatalogic Rites of All Nations*）这本关于地球上所有地区的宗教、治疗、邪术、魔法、媚药（釉料）等利用粪尿的救济法和治疗药剂的使用等相关的著作由美国劳德米尔克公司出版。内容基于论文、记录笔记以及一千个以上的文献。本书侧重于文化层面的人类排泄物的处理，同时提供了一些畜粪利用的事例。其内容涉及利用畜粪进行葬礼仪式、魔术、巫术、燃料、肥料、住所建筑材料、鞣皮、粮食、狩猎、吸烟、媚药（釉料）、治疗、神话、化妆品、通过礼仪等15个事例。这些事例从已出版的资料中引用，包括卢布鲁克的资料。《各国的粪便祭祀》是第一本从学术角度研究畜粪利用的书。关于写此书的动机，是因1881年伯克参加新墨西哥的印第安人举行的清洁仪式舞蹈时受到了文化冲击（约翰·格雷戈里·伯克，1995：10）。

1929年，石塚忠的《谜之蒙古》由日蒙贸易协会出版。在此书第16节中，以"畜牧和不可思议的燃料"为专题，记录蒙古人在无树区如何寻找燃料。石塚对畜粪是很好的燃料，烹调和取暖全部靠畜粪解决表示惊讶。石塚的资料中多处看到对畜粪气味的描述，"作为燃料的畜粪散发恶臭，如果干净的日本人听到利用这样的畜粪会皱眉吧，但实际上只靠牧草饲养的畜粪并没有任何恶臭"（石塚，1929：61）。另外，还记录了羊粪用于锻造。

1972年，西川一三的《蒙古游牧民生活智慧》论文被刊登在《探险与冒险》中。在这篇论文中，西

川跟石塚抱有相同的疑问，描写从畜粪利用中受到的
文化冲击时的感触。例如，提到关于日本人对畜粪
的洁净感和认识的差异，表示"'粪便是燃料！！'对
于我们来说，首先会想到不干净，其次会担心'能
烧吗？'当然不会把湿漉漉的粪便马上当作燃料，在
干燥的大地和空气以及强烈的直射日光下，不到一
个月粪就会变干燥"（西川，1972：305—306）。西
川还涉及畜粪燃料的种类以及性质（易燃性、火力、
烟）。此外，他还认为"通过家畜的数量和畜粪堆的
大小区分贫穷与富有"（西川，1972：307）。还特别
提到"蒙古燃料很宝贵，一般王侯贵族、活佛（喇嘛
教的首领）等的尸体是火葬，但是普通人的尸体通常
被放置在附近的草原，让鸟和野兽啄食，即所谓的
'风葬'，没有土葬"（西川，1972：302—312），这
涉及畜粪燃料与葬礼之间的关系。西川的调查是在
1944年进行的，而论文大约30年后出版。

　　1982年，吉田顺一的《阿日嘎拉和呼日嘎拉——
蒙古畜粪燃料考察》的论文刊登在《史滴》。吉田研
究蒙古游牧文化的诸多课题之一的畜粪，详细描述
畜粪名称（13个）以及作为燃料的利用方法（吉田，
1982：64—86）。同时他还详细描述关于畜粪的采集、
燃烧方法和火力。从这篇论文可以看出作为非畜牧文
化圈的研究者的吉田，是在充分理解牧民把畜粪作为

燃料利用的基础上研究畜粪。吉田描述了牧民对畜粪的理解："一般人对畜粪抱有不洁感，但是蒙古人认为畜粪是干净的东西"（吉田，1982：67）。从畜粪和牧民的精神世界的关联角度去考察，应该是从日本文化出身的吉田想消除畜粪文化不洁感的尝试吧。此外，吉田还表示："蒙古人的帐篷是在细木框架外面用毡包裹，其防火力极其弱，因此火花不散、火苗不窜的畜粪比柴火安全"，强调畜粪燃料适合帐篷生活。他还触及关于利用羊粪燃料锻造、代替税金、用马粪作为家畜饲料颁布的法令等。

1990年，《梅棹忠夫著作集》第2卷由日本中央公论社出版。本书有梅棹所记录《畜粪的功过》为题的独特的一节（梅棹，1990：399—400）。梅棹提到"对于是否把畜粪作为燃料或是作为肥料的方式应该说与畜牧经营技术无关"。笔者认为，他提出的畜粪利用的两个体系化——畜粪的燃料利用和肥料利用，是一个非常有意义的论点。基于燃料利用还是肥料利用方面，畜粪利用的方法大不相同。

1992年，鲤渊信一的《骑马民族的心》一书由日本广播出版协会出版。本书中也描述了蒙古的畜粪名称和利用方法。鲤渊记录了畜粪作为燃料以外马奶酒的保存、家畜棚的建筑材料、除虫、肥料、文学、战争、家畜的保温木材等7种利用方法。鲤渊说："畜粪是游牧民的宝物"。他指出："在严寒的蒙古高原过冬，畜粪燃料不可或缺，畜粪是牧民冬季的命脉。是否有畜粪燃料是牧民确保冬营地的最基本的条件之一。另外，家畜在冬天分娩，家畜分娩时，把粉碎的干燥的粪便铺在地上具有保温作用。如上所述，把粪便用于燃料和家畜垫层，对畜牧生活、畜牧生产和畜牧饲养形态产生了很大的影响。"（鲤渊，1992：101—106）。鲤渊也注意到马粪的军事利用。他写道："马粪经过两三年后，被称为'呼和·霍木拉'（'呼和'为青的意思），表面发青，不透雨，是非常好的燃料"。下雨也依然可以燃烧，因此士兵在战场上使用，并称为"策日格·霍木拉（'策日格'为士兵的意思)"（鲤渊，1992：104）。这是畜粪军事利用的最初的报告。此外，记录畜粪内容的三行诗，讨论在蒙古文学中畜粪名称。

1999 年，蒙古族的研究者参布拉敖日布的书《蒙古畜牧文化论》由内蒙古人民出版社出版。本书是根据参布拉敖日布在他的故乡内蒙古自治区克什克腾旗的实际畜牧生活经验和在新疆维吾尔自治区蒙古族牧民的实地调查所写。参布拉敖日布在本书中写道："阿日嘎拉不是屎"，并主要讨论内蒙古五畜（牛、马、骆驼、绵羊、山羊）的畜粪名称和畜粪利用方法，还包括畜粪的民间治疗中的各种利用方法。

遗憾的是，他搜集的民间治疗药物的一部分资料没有写在这本书中。与医学书籍相对照编写时删减或删除了没有医学依据的部分事例。参布拉敖日布根据畜粪名称，记录了10种利用畜粪的方法，如燃料、雪灾时家畜间的饲料、鞣皮毛、占卜、民间治疗（狂犬病、消毒、旧伤、止血、关节病、阵痛）。该论文的特别之处是从畜粪利用与畜粪名称的关系进行考察。

2014年，笔者在论文"社会主义中国内蒙古畜牧文化——社会主义集体畜牧到奶农文化"中列举了内蒙古自治区畜牧社会中的畜粪利用，有燃料（烹调、取暖、家畜去势时的燃料）、乳制品加工、狩猎、毛皮熏染、挖井、除虫、奶酒的保存、销售品、治疗（色布斯疗法，sebüsülekü 治疗，又名瘤胃热罨法、湿粪治疗13项、干粪治疗6项）、谚语、谜语、诗、歌、文学、大小衡量单位、儿童运动游戏、拜火信仰、占卜、马葬礼、喇嘛教寺院供品、战争、家畜间的粪食、布类染色等44项。笔者对照畜粪利用背后的畜粪名称体系的同时，对利用体系进行研究。研究结果表明，畜粪文化是形成蒙古畜牧社会的基础畜牧文化之一（包，2014：220）。

2017年，风户真理的论文"蒙古的畜牧是生计还是产业——从畜粪的多角度利用"被刊登在日本学术期刊《文化人类学》。本文以蒙古国畜牧社会中畜粪利用为例，对生计和产业领域如何并存进行了讨论（风户，2017：50—72）。关于畜粪的利用方法，列举了燃料、商品、建材（板块、涂墙料）、家畜垫、照明、肥料、熏蒸入味、熏蒸杀菌、保温、家畜间的治疗药、辅助饲料、哺乳抑制、放牧中投掷物、熏蒸入香、除虫、除害鸟等 16 种畜粪利用。论文的结论是蒙古的畜牧建立在生计和产业的重叠之上，主张畜粪文化的融入形成了畜牧文化。此外，畜产的生产基本实现了产业化，只有畜粪停留在了自家消费及本地流通。并认为畜粪产业化对畜牧社会带来巨大变化具有潜在的可能性。

笔者在调查中搜集到的畜粪利用有去势、烙印、家畜间的粪食、仔畜的断奶、毛皮的鞣制、母子互认、畜群管理的巫术、驱虫、害兽的驱赶、家畜和人的垫子、家畜的寻找占卜、挤奶母畜的标记、家畜的健康诊断材料、移动时期的判断材料、动物的恐吓、畜棚的建筑材料等。牲畜管理技术中的畜粪利用是畜牧利用体系的特征之一。根据家畜种类的不同，畜粪的性质和利用方法也有很大的不同。下面介绍家畜管理技术中的 13 种畜粪利用方法。

家畜管理技术中的畜粪利用

牲畜去势

蒙古族牧民在家畜成年前进行去势。一般不在炎热时期去势，避免感染发炎。每个牲畜的去势方法和去势时间都不同。关于去势的词汇也有很多。这里围绕五畜去势事例，探讨畜粪燃料利用。

对马进行去势时，用2根木棒（sarsalaγ_a）夹住阴囊的根部。用刀（onubči）切开阴囊的鞘（tulm_a），取出睾丸。之后用畜粪燃料（主要用干牛粪和绵羊、山羊的呼日京）烧红的铁板压在伤口上。用烧红的铁压伤口可以止血，而且畜粪灰有消毒的功效。因此马的去势也被称为去势烙法（qaγariqu）。马和骆驼去势后会出血，有时大量出血，甚至会导致死亡，因此去除睾丸后，需要处理伤口，烙法是马和骆驼去势时采用的最普遍的方法。五畜中马的去势最难。其他家畜去势不需要烙法，但畜粪也是不可或缺的。小长谷有纪的去势畜文化研究中牛的去势中使用手术刀、水桶、木棍、牛粪四种东西。牛粪用于去势仪式，"牛粪的烟用来清洁牲畜。牛粪里添加生黍子，再加入烤小麦，点火冒烟"。（小长谷，2014：8—

60）。所谓用畜粪烟清洁牲畜有两层意思，清洁仪式和实际的消毒作用。另外，去势后的手术刀插在干马粪（霍木拉）上保存。

防虫

蒙古族牧民在挤奶时，会烧霍木克驱赶牛虻、苍蝇、蚊子等。返回畜棚的家畜身上带有很多的苍蝇、蚊子、牛虻等昆虫，如果不驱赶，挤奶时牛容易动。为了不妨碍挤奶，用霍木克的烟驱赶。另外，还在刚出生的幼畜的畜棚和围栏附近燃烧畜粪，用烟驱赶幼畜身边聚集的牛虻和蚊子（鲤渊，1992：15）。

根据伯克的书记载，"烧骆驼粪产生的烟可以消灭土蜂和所有害虫"（约翰·格雷戈里·伯克，1995：101）。

驱赶害兽

狼等猛兽害怕火和烟，所以在夜间燃烧畜粪也是保护家畜免受猛兽侵害的一种方法。生活在戈壁的牧民说，在蒙古包周围撒骆驼粪，可以防止蛇靠近。主要原因很可能是蛇怕被骆驼踩踏。

冬营地选择条件

蒙古高原的冬季非常寒冷，有时气温会降到零下 30 度。因此，冬营地的选择对牧民和家畜至关重要。冬营地是否有足够的畜粪燃料和牧草是越冬的最低条件，如果没有满足这两个条件，越冬极其困难（鲤渊，1992：102）。实际上，包古查（baγuča）也是必不可少的条件。"包古查"是指绵羊、山羊在畜棚堆积的畜粪被踩踏、碾碎、挤压，掺杂畜毛和尿形成的畜粪层。包古查有保温性，在严冬期的夜间，发挥床垫作用，睡眠时保持家畜体温（风户，2017：55）。不仅如此，在冬营地牧民有在"包古查"上搭建蒙古包的习惯。这样做的话，蒙古包就像铺了地毯一样温暖。牧民有句谚语："牲畜半腹，垫层温暖"（dumdaγur idesi dulaγan kebtelge），意思是即使牲畜没有足够的牧草，只要有温暖的垫层，也可以保持牲畜的体力。包古查是在冬营地牧民及其家畜管理中必不可少的存在。

幼畜断奶

挤奶通常在母畜分娩后的哺乳期进行，牛的哺乳期半年到一年。一般情况下，哺乳期过长，奶量也会下降，与此同时为了让母畜恢复身体，尽早发情和受孕，以及让母畜越过寒冷的冬天和草料缺乏期，人会给幼畜强制断奶。给幼畜断奶时，采取的一种方法是在母畜的乳头上涂畜粪。对牛，用的是牛犊排泄不久的粪。出生 1、2 个月的小牛，由于吃奶和草，牛粪有独特的臭味。用同样的方法对一直吃奶的 2 岁小牛断奶。对绵羊和山羊，则用的是母畜的黏性粪。一般小绵羊和小山羊在出生后 4、5 个月进行断奶。

畜群管理中的巫术

新来的家畜有时不适应畜群，会逃跑回原来的主人家。为了防止这种情况的发生，会进行巫术。把有逃跑倾向的家畜的睫毛剪下来，藏在畜粪堆中。据说这样做家畜就不会逃跑了。或者把有逃跑倾向的家畜的粪与其他家畜的粪混合在一起（一般是湿粪）。当畜粪干燥后燃烧，这样做家畜就不会逃跑了。虽然该巫术存在一些地域差异，但在把有逃跑倾向的家畜的睫毛或畜粪与其他畜粪混合在一起的这一点上是一致。

移动家畜与畜粪

牧民从畜粪的形状、颜色、内容物等可以看出家畜在吃什么。它们吃的草随着季节变化而不同。牧民根据畜粪决定什么时候移动。在蒙古高原的大部分地区，牧民以绵羊和山羊粪变小作为食草不足的证据，以此决定新的移动目的地。

挤完奶的标志

内蒙古乌兰察布盟的牧民有把刚刚排泄出来的呼日嘎拉涂在绵羊和山羊的背上，作为绵羊和山羊挤完奶的标志的习惯，以此避免混淆已经挤奶和未挤奶的母畜。

家畜间的粪食

蒙古高原经常发生雪灾（白雪灾 zod）。雪灾时家畜的食物缺乏，导致牲畜死亡（包，2013）。作为紧急事态的对策，有时家畜间会互食畜粪。在雪灾时给牛、绵羊、山羊吃马粪。小马吃成年马的粪。另外，在内蒙古自治区乌兰察布盟四子王旗，冬季给马吃绵羊、山羊秋季的粪。总之，家畜间的粪食在特殊时期进行。内蒙古家畜是在草原上自然放牧的，因此畜粪中含有野草。有时候牛会把达克当作粪食。

家畜健康诊断材料

根据畜粪的形状、颜色、状态、大小来判断家畜的采食状况和健康状况。

家畜的治疗药

马因脾脏难受无法站立时，把湿牛粪溶解在水里并装在瓶子里，让马用鼻子吸。这时人帮忙扶一下，马就可以站立并行走（风户，2015）。

据内蒙古自治区阿巴嘎旗的图雅说，当马食物中毒时，把湿牛粪溶解在水里，让马用鼻子吸。这样做可以治好中毒。这说明马的食物中毒很有可能与脾脏不好有关系。

家畜母仔间认知载体

畜牧业中母畜与仔畜的认知环节里人为干预非常重要。畜牧社会中，家畜的繁衍生产直接关系到牧人的生存发展，而家畜繁衍生产的关键环节在于母畜与仔畜间的认知环节。母畜与仔畜间的认知环节，是指仔畜在刚出生时或出生后的较短时间内（大概20分钟以内），母畜通过气味和互鸣来判断自己的仔畜，并决定是否哺乳和授乳的过程。仔畜在自然情况下只有通过被哺乳和授乳才能存活。而在自然情况下，母畜的头胎或者母畜身体虚弱，通常会导致认知失败，认知的失败将阻碍家畜的繁衍，进而给牧人的生存发展带来不利的影响。因此，为了减少损失，牧人通常会利用各种工具来帮助母畜和仔畜完成认知环节，牧人的帮助行为实质就是对认知环节的人为干预。

干预工具之一的接羔袋在母羊与羊羔间的认知环节中起重要作用。在对家畜生产的田野调查中，笔者发现，放牧时牧人会将羊羔放入接羔袋中，而这一现象在畜牧社会普遍存在着。这一普遍现象引起了笔者的注意，并引发了笔者关于接羔袋在母羊与羊羔间认知环节中的作用的思考。

接羔袋在蒙古语中被称为多格泰（dugtei）或者噢塔（uγuta），流行于蒙古高原，是为初生羊羔准备的专用袋子。它用毡子制作而成，可以持续使用数十年。每当初生羊羔降临，母羊舔尽羊羔身上的胎衣（胎液羊水）之后产生互鸣。互鸣即指母羊和羊羔相互呼唤，这个过程会持续十到二十分钟。互鸣结束后牧民会将羊羔装入接羔袋，这样做相当于把羊羔放入保温箱，以抵挡外界的严寒，此外在接羔袋底层牧民会放入一些马粪。马粪具有很强的吸湿能力，可以吸附羊羔身上附着的残留物，起到给羊羔以二次清洁的作用。羊羔袋的使用建立了母羊与羊羔牢固的亲子认知关系，从而为以后的受乳和哺乳建立基础（图 10-1）。

家畜围栏和墙壁

羊的呼日京和牛的阿日嘎拉用来做家畜围栏、墙壁等。蒙古高原的冬天气温普遍达到零下 30 度，所以需要温暖的围栏，而畜粪是做围栏、墙壁的保温材料。

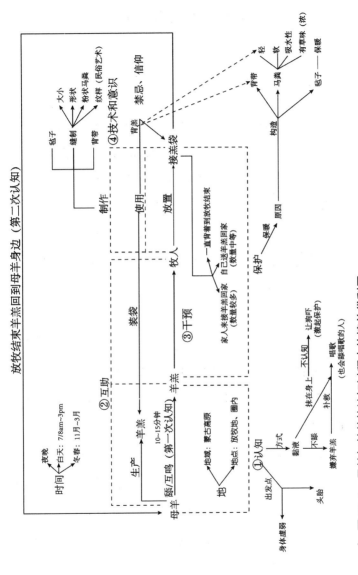

图10-1 母羊与羊羔的认知过程中的接羔袋利用

第十章 蒙古高原上的畜粪利用

109

畜牧生活中的畜粪利用

五畜粪燃料的特征

五畜粪燃料是家畜采食的牧草经过肠胃消化而后排泄形成的，也可以说是通过肠胃的蠕动，压缩牧草而形成的固体燃料。畜粪燃料的形成到燃烧过程及其产物，包括灰和烟都有专有名称（图 10-2）。

五畜粪燃料根据畜牧种类和季节的不同，火力、耐火性等也有很大的不同，因此作为燃料的使用情况也会有所不同。

五畜粪燃料的特征分别如下：

1）绵羊和山羊粪：火力最强，但不易燃烧。不过耐火性最好，而且灰量很少，烟也很少。

2）牛粪：火力强，容易燃烧，耐火性也好。但是，灰量最多，烟少。

3）骆驼粪：火力强，不易燃烧，但燃烧后耐火性好。灰和烟量少。

4）马粪：因为采食的牧草没有太大变化，所以也因此容易燃烧，而且燃烧得很快，不过火力较弱。灰量最少，烟多。

关于五畜粪的火力，西川一三认为，绵羊和山羊

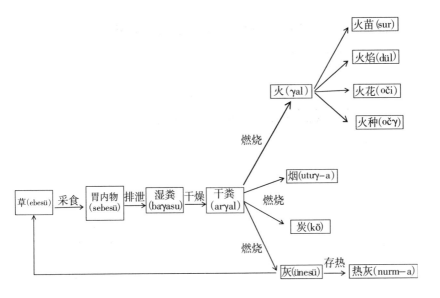

图 10-2　畜粪燃料的燃烧过程及其产物

粪的火力最强，其次是骆驼粪，之后是牛粪，最弱的是马粪（西川，1972：306）。根据吉田顺一的说法，火力的强度按绵羊、山羊、牛、骆驼、马的顺序排序（吉田，1982：96—97）。两位研究者的排序中，牛粪和骆驼粪的火力顺序有所不同。

关于火力最强的绵羊和山羊粪，西川说："在阿日嘎拉中被认为最好的是绵羊和山羊的黑豆一样的畜粪。这种畜粪，就像用油凝固一样，大量黏性物质混合在一起，会产生惊人的高温，因此，游牧民族加工金属时使用。这种粪燃烧后残留物透明，呈淡绿色，而且满是洞，是非常轻的块状物，很多方面都酷似轻石。"（西川，1972：306）。关于五畜粪燃料的燃烧性比较如表 10-1 所示。

表 10-1　五畜粪燃料的特点

	绵羊、山羊	牛	骆驼	马
火力	最强	强	强	弱
易燃性	低	良	低	优
耐火性	优	良	良	低
灰量	少	最多	少	最少
烟量	最少	少	少	最多

因为牛粪容易燃烧，且火力适中经常用于烹饪。呼日京燃烧时间长，经常用来温暖房间。马粪因会迅速烧尽，与绵羊和山羊粪相比不适合暖房。由于骆驼饲养量少，骆驼粪很少用作暖房燃料。下面介绍主要作为燃料的牛粪及其不同种类的利用。

牛粪燃料的整体特征

牛粪一个个分散分布，体积大，容易采集，是常用的燃料。蒙古牧民的燃料大部分靠牛粪（阿日嘎拉）。

畜粪用于暖房的理由有三个：

1. 树少。吉田说："蒙古高原木材不足的地方多。尤其是纯草原地带和戈壁地带。在这些地区，不得不使用畜粪"（吉田，1982：78）。

2. 畜粪燃料的安全性。蒙古包是由木和毡子（材

料是羊毛）制成，容易引起火灾。蒙古高原风大，锡
林郭勒盟年平均风速为 4—5 米 / 秒，最大风速为
24—28 米 / 秒。一年 60 天以上风速 24 米 / 秒。但是，
即使在风大的日子里，蒙古包烟囱冒出来的阿日嘎拉
的烟也没有火焰，不会落在毡子上起火。使用柴火和
草的话，烟囱里会冒出火焰，落到毡子上会引起火
灾。因此住蒙古包时，风大的日子一般不使用柴火和
干草（吉田，1982：78）。

3. 火力接近柴火的燃料。图 10-3 是比较煤炭、
木材、稻草和牛粪的热量。牛粪在完全干燥的状态下
能达到 3800 千卡 / 千克（新井，2004）。这是稻草和
木材之间的热量。

除了内蒙古东部的大兴安岭森林地区，内蒙古的
大部分地区是没有树木的平地或者被称为戈壁的荒漠
草原。因此，畜粪作为燃料利用，正为严寒的冬天所
大量需要。蒙古地区的气温有半年左右都低于零度。
"蒙古包外部为零下 15 度时，在燃烧阿日嘎拉的蒙古
包内部正好零度"（后藤，1942：156）。

不同牛粪燃料的特征

下面介绍各种牛粪燃料的火力和耐火性及其主要
用途。牛粪根据种类的不同其火力和耐火性以及用途
也不同。

哈日·阿日嘎拉火力最强，耐火性好，用于煮肉、煮奶茶等。

呼和·阿日嘎拉的火力也很强，耐火性也好，主要用于暖房、做饭、礼仪等。

希日·阿日嘎拉的火力和耐火性一般，用于制作黄油、奶酪等乳制品、暖房、做饭等。

萨日孙·阿日嘎拉是薄的畜粪，容易干燥。只有夏天畜粪燃料被雨淋湿，燃料短缺时使用。

查干·阿日嘎拉、乌吉日·阿日嘎拉火力和耐火性不好，不太用于燃料。

乌木克·阿日嘎拉火力弱，耐火性非常好。主要用于制作需要文火的乳制品（乌日木）、暖房、做饭。

希巴斯，在发生雪灾且没有其他燃料时，作为燃料使用。

烹饪时，火势大小的掌握对料理的好坏产生很大影响。从宋朝、元朝时代以来，关于蒙古高原烹饪时使用畜粪的记载很多。而且，从用火的目的来看，烹饪用火最原始，也是最重要的（青木，1952：8）。

下面把蒙古食物分为红食（肉食）和白食（乳制品），分别介绍制作不同食物时畜粪燃料的利用。

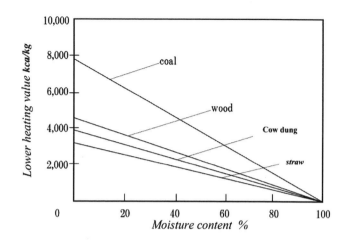

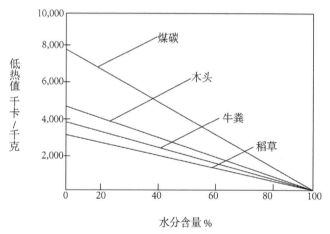

图 10-3　煤炭、木材、稻草和牛粪的热量对比（出处：新井，2004）

不同牛粪燃料的利用

制作乳制品

冬季结冰的畜粪干燥时被称为乌木克·阿日嘎拉（ümüg arɣal）。乌木克·阿日嘎拉的火势好，但是火力弱。利用这一特点，蒙古牧民在制作乳制品时将其作为主要燃料使用。

根据乳制品的种类不同，使用的牛粪燃料也不同。制作乳制品时不太使用火力强的畜粪。下面介绍锡林郭勒盟的乳制品乌日木制作的例子。冬天吃的乌日木一般秋天做。

把早上挤的奶立马放进锅里，用文火慢慢加热，不让沸腾。

在加热的过程中，用勺子在锅里反复扬奶，奶的表面就会慢慢出来泡沫。

出来足够泡沫时，熄火，静置在原处。

傍晚之前，再烧火。此时表面已经凝固，在上面破开一个洞，追加新奶，重复之前的做法。

熄火后静置一晚，这时奶的表面变硬并带有泡沫，这一层就是乌日木（梅棹，1991：298）。

在制作乌日木时，掌握火候很重要。加热时，牧民在制作乌日木时，选择使用干燥的乌木克·阿日嘎拉。因其火力弱，耐火性好，最适合制作乌日木。制作其他的乳制品也同样区分畜粪燃料的火力和耐火性使用。

煮肉

煮肉时使用火力很强的希日·阿日嘎拉和哈日·阿日嘎拉。制作奶茶一般使用火力强的呼和·阿日嘎拉。熏羊肉时也使用阿日嘎拉。

夏天屠宰羊后，立马把肉挂在棍子上，用阿日嘎拉的烟熏，驱赶苍蝇和蚊子使其不接近肉。而且也可以烘干肉，使其长期保存。烟味会渗透到肉中，散发出牧民所喜欢的味道。

在蒙古族的传统日历中，会在11月集中屠宰家畜储备冬季和春季的肉，这月被称为"屠宰月"，每家一年屠宰一头牛和几头绵羊（山羊）。蒙古包内的温度超过10度，无法储存生肉，所以把一部分肉晒干，剩下的装在室外的阿日嘎拉因·阿布塔日（由牛粪制成的小型仓库）里，天然冷藏。这样的肉可以保持新鲜的味道，直到第二年春天。

马粪燃料的利用

干燥的马粪被称为霍木拉。霍木拉主要用作起火时的火引子。下面介绍其他的利用方法。

狩猎：狐狸的狩猎

马粪（霍木拉）易燃，烟也比其他畜粪多。霍木拉的烟被用来抓捕狐狸等挖洞栖息的动物。根据风向，在洞口燃烧霍木拉，大量吸入烟雾后堵住洞口。

等待一会儿，狐狸就会在洞口窒息而死。

衣服：熏染皮衣

锡林郭勒盟的乌珠穆沁地区，仍然保留着使用希日·霍木拉（秋季干燥的马粪）的烟熏染绵羊和山羊的鞣制皮，使皮的颜色变黄从而制作皮衣的习惯。熏染皮衣（otumal debel）适合在下雨或下雪天使用。即使被雨雪淋湿，干燥后也不收缩。熏染皮衣非常结实，不易弄脏。森川描述如下：

"乌珠穆沁男人和女人一年四季都喜欢穿长袍。大多数的长袍上都缝上用库锦①制作的三指宽的花边。用带毛的皮（毛朝向身体）做里子的皮袍，用羊皮熏染成焦茶色，从腹部切边的羊皮缝合长袍，一件长袍需要8—10头成年羊皮。这能防潮湿，防止虫蛀，不变形"（森川，2008：109）。

鞣制皮革过程中也使用畜粪灰。在乳清中泡的生皮拿出后抹一层灰，再用木棍敲打。这样的皮不容易被打破或打烂，而且油性物也会被灰吸收。

锡林郭勒盟阿巴嘎旗一带，给刚出生的孩子穿衣服时，有用畜粪烟来熏新衣服的习俗。同时以此祝福孩子幸福安康。

---

① 用各种各样的彩线织出底色和花纹的布料。产地是南京。

绵羊和山羊粪燃料

暖房

绵羊和山羊粪像黑豆一样小，在野外很难大量采集。不过，在畜棚中绵羊和山羊粪、尿、草、毛等被绵羊和山羊踩踏、碾碎、挤压，最终凝固成畜粪层的达克或呼日京，就可以用萨布日和锄头挖出晒干。冬天形成的粪层呼日京是很好的冬季暖房燃料。

挖井

在蒙古高原，大多数河流会在冬天结冰，生活用水和家畜的饮用水只能依靠井水。在没有井的情况下，牧民融化河流的冰或雪，作为生活用水。家畜摄取雪补充水分。

在《蒙古秘史》的最后，窝阔台汗[①] 自己对自己所作的所有事业中反省并叙述了所谓的"四功四过"。其"四功"的第三功是"在没有水的土地上挖井出水，让国民有水和草"。

到了春季，由于家畜一冬天吃了前年割的干草，水分不足导致消化功能下降。且喝雪水会变瘦，对怀孕的家畜也不利。因此，需要让牲畜喝井水。

挖井有两种做法：

---

① 成吉思汗的三儿子，于 1229 年继承父亲，即位可汗。

　　一种是夏天和秋天的时候挖，并立即使用的井。这样的井不能深挖。因为当挖到地表水（šangda）以下时，井壁会坍塌。因此具有水量少、使用时间短等特征。图 10-4 是井的截面图。

　　另一种是在 9 月、10 月地表结冰之前，挖到地表水，然后等井底土壤冻结一段时间。之后，在井底的冻土上倒入厚 10—15 厘米左右的绵羊和山羊粪，

井戸の断面図

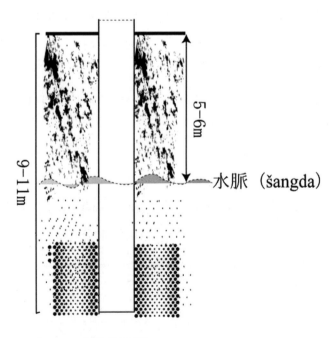

5—6m

9—11m

水脉（šangda）

图 10-4　井的截面图

点燃它。几天后，燃烧畜粪的热量使井底的冻土融化，此时挖出井底融化的土。等井底的土再冻结8—12天。然后再倒入绵羊和山羊粪，点燃它。再挖出井底融化的土。当挖到一定深度时，用木头或石头固定井壁。这样挖的深井，水量多，使用时间长。

制作奶酒

盛产奶的夏季和秋季，牧民制造牛奶酒（saγali yin ariqi）和马奶酒（čege）。牛奶酒的原料是乳清（艾日嘎 airaγ）。乳清是制作奶酪后剩下的液体。用蒸馏设备蒸馏发酵的艾日嘎制作牛奶酒。蒸馏时要用畜粪燃料长时间加热。

蒙古族牧民喜欢喝牛奶酒。牛奶酒有阿日扎、霍日扎、希日扎、波日扎等种类。根据蒸馏的次数，牛奶酒的种类不同。第一次蒸馏酒被称为萨嘎林·阿日黑。再一次蒸馏萨嘎林·阿日黑成为阿日扎。再蒸馏一次阿日扎就成为霍日扎（第二次蒸馏酒）。再一次蒸馏霍日扎成为希日扎（第三次蒸馏酒）。再一次蒸馏希日扎成了波日扎（第四次蒸馏酒）。酒精含量逐渐增加（布仁特古斯，1987：43）。

还有另一种制作阿日扎、霍日扎、希日扎、波日扎的方法。将牛奶酒装入陶制罐中，用碗盖住，将其紧紧包在牛的胃中，然后将其埋在多年的呼日京之中。秋天把牛奶酒埋在呼日京中，第二年春天挖出来饮用。牛奶酒过一年成为霍日扎，过两年成为波日扎（额·乌日根，2010：93）。

蒙古包中保存的牛奶酒冻结后味道会发生变化。呼日京发酵产生热量，所以在呼日京中的牛奶酒可以在一定温度下保存。马奶酒也在呼日京中发酵，也可以保存。马奶酒是把马奶装在牛皮袋里发酵，用木棍搅拌做成。

鲤渊说："绵羊和山羊的围栏里堆积的畜粪下，即使在冬至也不会冻结，保持一定的温度成为天然冰箱。在这里埋藏并保存从夏天到秋天制作的大家喜欢喝的马奶酒"（鲤渊，1992：105）。

畜粪燃料的销售

普尔热瓦尔斯基是俄国军官、地理学家、世界探险史上著名的科学探险家之一。他早在 1875—1876 年出版了《蒙古与唐古特地区》，在这部书里普尔热瓦尔斯基详细记述了自己的旅行经过，并分享了资料。他在《蒙古与唐古特地区》中描述了关于畜粪燃料的销售："从恰克图至张家口，除了一条由蒙古人养护的驿道之外，还有好几条商运便道，主要是运茶的商路。驿道上每隔一定距离，便挖有一口井水，设

第四部分　畜粪利用体系：价值的扩展

有帐篷，这就算是一个驿站了（从库伦到张家口近千俄里的路途中，一共设有 47 个这样的站点）。商路两旁也有一些蒙古牧民生活在备有草料的放牧点上。不过，这里更多是游牧至此的贫苦牧民，他们要么向过往商队讨些施舍勉强糊口，要么受雇于别人放养骆驼，要么卖点牲畜的干粪维持生计。对于牧民和过路的旅行者来说，干粪格外重要，因为它是整个戈壁中唯一的优质燃料。"

20 世纪 40 年代初期在锡林郭勒盟进行调查的梅棹忠夫，如下记录关于阿日嘎拉的销售和运输情况："在察哈尔（锡林郭勒盟南部地区）也有做生意的蒙古人。蒙古人从事盐、阿日嘎拉（干牛粪）、奶制品等的销售和运输业，作为合作社的 qorsiy_a（合作社蒙古语）的生意相当红火"（梅棹，1990：154）。

锡林郭勒盟的蒙古族牧民直到 2000 年左右仍在城市地区出售畜粪燃料。消费场所主要是城市居民区、学校和寺院。以下介绍畜粪燃料的销售事例。

C 氏（男性、65 岁、牧民）

"从 1970 年初期到 1985 年为止，把阿日嘎拉装在麻袋① 中，用马车、牛车或驴车，拉到锡林浩特市

---

① 麻袋是用苎麻纤维织成的袋子。在锡林郭勒盟地区，用于装干燥的畜粪、饲料、草等。

出售。当时 1 麻袋卖 5 元。一袋约 15 千克。用挣到
的钱购买日常用品。当时，在锡林浩特市区，阿日嘎
拉是主要的燃料。虽然有煤，但价格高。主要是锡林
浩特市市民、学校和寺院使用。每个学期给孩子的学校
提供 5 袋阿日嘎拉作为学费，用马车运送。当时的小学、
中学、高中的学生在春季和秋季也有捡畜粪的休假"。

　　笔者在 20 世纪 80 年代末，在与锡林郭勒盟相邻
的克什克腾旗达来诺日苏木的小学、中学过宿舍生
活。12 岁以下的孩子 6—8 个人住在一间屋里。宿舍
里有炕，冬天烧炉热炕时使用学生从老家带来的阿日
嘎拉。相比煤，阿日嘎拉的烟不会引起中毒，多亏阿
日嘎拉，宿舍从来没有发生过中毒事件。

荷斯坦牛的畜粪问题

新的环境问题

　　内蒙古的"生态移民"政策在内蒙古的 12 个盟
市中的 5 个盟市（锡林郭勒盟、乌兰察布市、阿拉善
盟、包头市、兴安盟）实施。在这 5 个盟市中，锡林
郭勒盟实施的"生态移民"政策最有计划，而且实施
的范围最广（达嘎拉，2007：60）。

"生态移民"政策是为了提高牛奶生产。从 2000年左右锡林郭勒盟开始引进荷斯坦牛，以牧畜从放牧经营转变为奶农经营为目标。由于是舍养，给荷斯坦牛提供大量的水和饲料（谷物等），因此，畜粪水分多，纤维少，再则燃烧时有臭味、不耐烧、易碎，不适用于燃料。于是如何处理大量的牛粪成了牧民面临的一个大问题。

2009 年 S 居委会饲养了 380 头牛，其中 228 头是奶牛，占总头数的 60%。S 居委会的奶牛饲养几乎都是棚舍饲养。饲料主要是青贮饲料、干草和混合饲料[①]。一头奶牛的年饲料使用量和饲料费如表 10-2 所示。饲料中最多的是青贮饲料（6 吨），其次是复合饲料（5 吨），最少的是干草（1 吨）。干草不到饲料总量的 10%。饲料费用最大的是混合饲料，其次是青贮饲料，干草的使用量很少，但每吨价格最高。

表 10-2　奶牛饲料及其价格

饲料类	青贮	干草	混合饲料	合计
年使用量／一头奶牛（吨）	6.0	1.0	5.0	12.0
饲料费（人民币）	960	600	2,650	4,210
资料费（人民币）	160	600	530	1,290

资料来源：根据 2010 年 1 月的调查数据制作。

---

① 由牧草、玉米等饲料作物发酵制成的饲料。

　　锡林郭勒盟的"生态移民"[①]对奶牛粪的处理没有采取任何措施。移民以前是将家畜粪作为燃料利用，但是由于移民区的生活使用煤气和电，无法将奶牛粪作为燃料利用。此外，由于几乎没有耕地，也无法作为肥料使用。所以，使牛粪堆引起新的环境问题。S居委会对于奶牛粪的处理也没有采取任何措施，"生态移民"把畜粪从畜棚用推车运出，堆在居民区一角或对边丢弃在道路旁和居民区周围。为了堆放畜粪的地方，居民之间也经常发生纷争。

家畜粪沼气能源转换项目

　　为了解决上述畜粪问题，2007年左右锡林郭勒盟农业技术推进部开始在锡林郭勒盟部分地区开展畜粪沼气能源转换项目。正镶白旗的牧民用水稀释牛、绵羊、山羊粪发酵，用发酵出来的沼气生火或照明。图10-5是沼气产生设施的结构。把刚排泄的畜粪倒入罐中发酵。罐子是挖在地面下的，四周用砖和水泥加固。

　　沼气罐的温度控制在25—40℃之间，温度越高，产生的沼气越多。但是锡林郭勒盟的年平均气温是

第四部分　畜粪利用体系：价值的扩展

---

① 这里所说的"生态移民"是指从畜牧地带转移到其他地区，并进行家畜圈养的牧民搬迁工程。

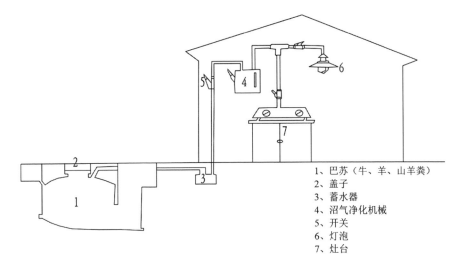

1、巴苏（牛、羊、山羊粪）
2、盖子
3、蓄水器
4、沼气净化机械
5、开关
6、灯泡
7、灶台

图 10-5　沼气产生设施的结构

0—3℃。因此，沼气的产生时间非常短，一年只能使用 3—4 周，无法全年使用。

畜粪作为肥料的利用

　　牧区的畜粪用于堆肥和无机肥。自然而然的作为肥料返回草原和在小规模的农地、菜园作为堆肥。

　　牛粪的主要化学成分组成如表 10-3 所示。牛粪成分中几乎不包含氮，而多含磷酸、钾、钙。由于大量包含这些无机物，会产生 10% 以上的灰。灰的主要化学成分组成如表 10-4 所示。

表 10-3　牛粪的主要化学成分组成（%）

水分	氮	磷酸	氧化钾	氧化钙	氧化钙镁
80.1	0.42	0.34	0.34	0.33	0.16

资料来源：张颖：《规模化养牛场粪便处理生命周期评价》，《农业环
　　　境科学学报》2010 年第 29 卷第 7 期。

表 10-4　牛粪焚烧灰的主要化学成分组成（%）

氮	磷酸	氧化钾	氧化钙	氧化钙镁
0.006	14.1	9.4	8.52	3.92

资料来源：畜产环境改善机构：《以家畜排泄物为中心的有关燃烧·碳
　　　化设施指南》，2005 年 3 月，第 99 页。

　　牛粪焚烧时，灰中很少包含的磷酸和氧化钾会增加。磷酸增加约 33 倍，氧化钾增加约 28 倍。灰中没有太多的氮化物，是因为氮化物在火焰中氧化，进到空气中（江头，1981：76）。那么草原的氮是怎么生成的呢？牧民并不是将畜粪一点也不剩的作为燃料，而是使用其中的一小部分。因为没有用作燃料的牛粪中含有氮，因此作为有机肥料被草原吸收。

　　畜粪作为燃料的利用，使地面上的植物和土壤中的有机物原本很长时间才会无机化的过程，在燃烧时大大缩短，迅速无机化，促使植物吸收。而这个过程一年四季都在进行。

　　畜粪燃料的灰有利于促进草原植物生长所必需的物质循环。游牧生活中，扔灰处几乎不留灰，被风吹

走，被雨冲走，使它们迅速返回自然。相反，随着定居化，扔灰处堆积成山（图 10-6）。

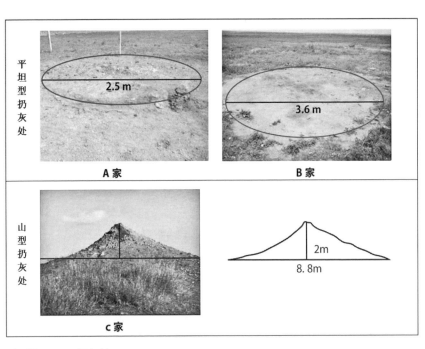

平坦型扔灰处

2.5 m

A 家

3.6 m

B 家

山型扔灰处

2m

8.8m

C 家

图 10-6　扔灰处

畜粪作为传统医疗药的利用

在内蒙古牧民社会中畜类还被用作传统医疗药。在内蒙古牧民社会，饲养的畜群以牛、马、骆驼、绵羊、山羊五畜为中心。他们利用这些家畜（除马）的胃内容物色布斯（sebesü）和排泄物畜粪，治疗各种疾病和创伤，这种民间治疗从很早以前就有了（参布拉敖日布，1999：195）。

蒙古牧民利用这些家畜粪进行的民间治疗可以分为以下3种：色布斯治疗①、湿粪治疗、干粪治疗。其中色布斯治疗最为广泛（德力格尔，2005）。本文使用的主要资料是民族杂志记录与民间医疗资料。

民族杂志记录

1）布仁特古斯编：《蒙古族民俗百科全书》，内蒙古科学技术出版社1999年版。本书囊括了全内蒙古地区蒙古族的传统文化。

2）参布拉敖日布：《蒙古游牧文化研究》（mongɣul maljil un soyul jüi），内蒙古人民出版社1999年版。作者出生于内蒙古赤峰市克什克腾旗。本书中畜粪民间治疗的内容，是他的亲身经验和在克什克升旗的所见所闻（参布拉敖日布，1999：214）。

民间医疗资料

1）德力格尔：《蒙古医药学世界》，出帆新社2005年版。这本书记载了内蒙古自治区呼伦贝尔地区的色布斯民间治疗。

2）苏楞嘎图·巴·吉格木特：《蒙古医学史》，

---

① 德力格尔的《蒙古医药学世界》称色布斯治疗方法为反刍胃内容物疗法，本文称之为色布斯治疗。

农山鱼村文化协会 1991 年版。这本书记载了蒙古国色布斯治疗法。

以下将根据以上资料来介绍畜粪民间治疗。

色布斯治疗

色布斯

五畜中，马有一个胃，牛、骆驼、绵羊、山羊都有四个胃。图 10-7 是牛和马的消化器官构造图。

马、兔子等只有一个胃的动物被称为单胃动物。马和兔子通过盲肠和大肠中的微生物的作用消化纤维饲料。

牛、骆驼、山羊、绵羊是有四个胃的反刍动物。

第一胃（güjege）通过细菌和微生物的作用分解食物。

第二胃（sayin sarqinaγ）反复收缩，将半消化的草再次送到嘴里咀嚼。

第三胃（maγu sarqingnaγ）里流入经反刍后变黏稠的草。此时的草在第三胃的褶皱中被机械地磨碎，变细易于消化时被送到第四胃。

第四胃（qoduγudu）分泌消化液分解微生物。幼畜主要使用第四胃（佐佐木，2000：138）。

牛、骆驼、绵羊、山羊等反刍动物第一胃中的草在蒙古语中被称为色布斯（sebesü）。

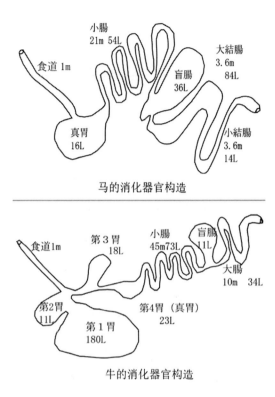

马的消化器官构造

牛的消化器官构造

出处：佐佐木 2000：138

⋮ 图 10-7　家畜的消化器官构造

　　五畜粪民间治疗中，最常见的是使用家畜的色布斯治疗法。参布拉敖日布指出，用家畜的色布斯治疗法是蒙古畜牧文化的一个特征（参布拉敖日布，1999：207—210）。根据家畜的不同，色布斯的治疗方法也有很大的不同。民间治疗经常使用的是羊的色布斯。以下以羊的色布斯治疗法为例进行讨论。

色布斯治疗方法

色布斯治疗法是杀死绵羊、山羊、牛、骆驼等家畜后，将胃的热气（或者说温度）渗入人体来治疗疾病的一种外部治疗法。色布斯治疗本是蒙古民间疗法，后来发展成蒙古医学的独立疗法（苏楞嘎图·巴·吉格木特，1991：75；参布拉敖日布，1999：207）。色布斯治疗的主要疾病是女人宫寒（saba yin küyiten）、关节病（霍央·希日，quyang sir_a）、痛风（tulai）。在内蒙古地区主要进行羊的色布斯治疗。

1）羊的色布斯治疗法使用的是刚宰的3—4岁羊的新鲜色布斯。在色布斯中加入草药、盐、酒等，把关节等病变部位浸泡其中。或者，直接将反刍胃的口紧贴在病变部位进行热敷。加入草药、盐、酒是为了强化色布斯的药效。一次的治疗时间通常是2—5小时，如果一次没有效果，第二年会进行再一次治疗（德力格尔，2005：84）。

2）女人宫寒病（saba yin küyiten）的治疗法

在寒冷的北方，寒病非常多。坐在胃上的治疗方法则主要用于治疗女人宫寒病（图10-8，左）。宰杀羊后取出其胃，从胃的入口往里加入热酒、黄油、药① 等并进行搅拌。根据地域，有些许区别。根据布

---

① 从佛教僧侣那里得到的药，药的详情不明。

仁特古斯的研究发现，有些地方用刀切开胃，在切口上会放一块白布，女性就坐在上面，把生殖器对准切口处。坐的时长根据患者的体力和巴布斯的温度决定。一般坐1—2个小时，直到色布斯的蒸汽冷却。进行这个治疗的时候，使用短时间内处理羊的技术。这是利用色布斯蒸汽的治疗，因此必须趁色布斯热时进行。色布斯治疗在夏天和秋天进行（布仁特古斯，1999：501）。

做色布斯治疗时要选择健康、肥壮、年轻的羊。男性使用雌性羊的色布斯，女性使用雄性羊的色布斯。

色布斯治疗前后，患者的饮食也很重要。治疗前，吃有营养的食物和汤。治疗后，煮带骨头的羊肉，让患者喝汤。此外，穿干透的衣服，在家好好休息，并用黄油炒面粉，擦拭患者全身等（参布拉敖日布，1999：209）。

被毒蛇、蜂、有毒昆虫叮咬时山羊的色布斯可用作解毒措施（参布拉敖日布，1999：210）。

3）脚的治疗方法

色布斯对脚的治疗有针对脚的关节痛（关节寒性风湿）、脚的肌肉痛、产后痛风等的治疗方法。图10-8（右）是色布斯对脚的肌肉痛的治疗。将黄油、温酒、药等加入羊胃的色布斯中搅拌，用刀在胃上切开够放两只脚大小的切口。然后，把患者的双脚放进

白布
胃袋

胃袋

セベス治療法1　　　　　　　セベス治療法2

> 图 10-8　色布斯治疗（布仁特古斯，1999：500）

胃里浸泡，直到色布斯的蒸汽冷却。该治疗主要在夏
天和秋天进行。

4）据说烧牛的色布斯，喝它的灰可以治疗胃病
和食道癌（参布拉敖日布，1999：210）。

家畜的湿粪治疗

刚排泄出来的草食动物的粪称为巴苏。刚排泄的
牛粪用蒙古语称为乌和日因·巴苏。绵羊、山羊的巴
苏分别称为好尼因·巴苏、伊麻因·巴苏。五畜的
巴苏用于关节病、肿胀、痛风（tulai）、瘊（ü）、血
痢、吐血、鼻血、癣、旧伤、毒蛇和毒虫被咬时、狂
犬病、喉咙干燥等的治疗。

牛巴苏

1）利用牛的热巴苏，涂在关节病、肿胀部位进

行治疗（参布拉敖日布，1999：213）。

2）利用牛的热巴苏，用于孕妇阵痛时的腹带。做法是，产妇分娩后腰痛时，用布包住牛的热巴苏并缠绕于腰部（参布拉敖日布，1999：213）。

3）根据笔者的调查，锡林郭勒盟正镶白旗阿贵图嘎查的牧民，将牛巴苏洼中的积液（雨水、雾水等）用于瘊（ü）的治疗。每天早上直接涂在身上的瘊，直至完全消除。

马巴苏

1）白马巴苏的液体对喉咙干燥、血痢、吐血、鼻血有效（参布拉敖日布，1999：213）。

2）白马的新巴苏可以涂在肿胀、粉刺上（参布拉敖日布，1999：214）。

3）将白马牙磨成粉，与巴苏混合，涂在旧伤上（参布拉敖日布，1999：214）。

4）骆驼热霍日马拉在被毒蛇和毒虫咬伤时涂抹（参布拉敖日布，1999年：214）。

5）棕色种马的巴苏是对狂犬病有效的治疗药。在被狂犬咬伤的地方涂棕色种马的巴苏（参布拉敖日布，1999：214）。

6）被狂犬咬伤，在伤口上涂马的巴苏包好（布仁特古斯，1999：591）。

家畜的干粪治疗

五畜的干粪有各自的名称。干牛粪被称为阿日嘎拉；干马粪被称为霍木拉；绵羊、山羊、骆驼的干粪被称为呼日嘎拉。五畜粉末状的干粪，被统称为霍木嘎，霍木嘎在蒙古语中也是尘土的意思，蒙古语的很多词汇与牲畜有关。粪的焚烧灰被称为乌尼苏（ünesü）。粪的焚烧烟被称为乌塔（utuγ_a）。畜粪及其灰和烟的治疗如表 10-5 所示。

表 10-5 干粪及其灰和烟的治疗

治疗药	治疗
马的霍木拉	止血
羊的霍木嘎	痛风（tulai）
阿日嘎拉和霍木拉灰	痛风、关节病
畜灰	伤口的消毒
呼日嘎拉的烟	寒病（küyiten_u ebed in）
霍木拉的烟	痛风（tulai）

霍木拉治疗

当伤口的血止不住时，将秋天的马霍木拉打碎包于布中缠在伤口上（布仁特古斯，1999：591）。

霍木嘎治疗

使用霍木嘎治疗脚关节痛风引起的肿胀。用水煮 100 天的羊霍木嘎，趁热敷在患处（参布拉敖日布，

1999：213）。

乌尼苏（灰）治疗

乌尼苏用于以下治疗。

1）包扎治疗

在患有痛风和关节病的部位，用搅拌好的加入胶和（一般用牛匹与牛蹄熬炼成的乳胶状物体）2、3年的阿日嘎拉或霍木拉包扎，或者给3年的骆驼呼日嘎拉的乌尼苏中加入马奶搅拌，然后包扎（布仁特古斯，1999：591）。

2）消毒治疗

给刀割的伤口上涂新的灰有止血和杀菌作用。这在锡林郭勒盟地区广泛使用。

乌塔（烟）治疗

1）熏全身的治疗

于寒病患者因大量出血而失去意识时使用。

在地面上挖坑，并在底部烧羊呼日嘎拉，再在坑上横放几棵树，让患者躺在树上用烟熏（布仁特古斯，1999：601）。

2）熏下半身的治疗

用于痛风患者。在地面挖坑，并在底部烧秋天的马霍木拉，用烟熏患者痛风的脚。

3）哈莫病（疥癣）[①] 治疗

哈莫（qamaɣu）病患者的脖子用骆驼呼日嘎拉的烟熏（布仁特古斯，1999：601）。

以上介绍的畜粪治疗，即色布斯治疗、湿粪治疗、干粪治疗，它们的主要治疗重点在于痛风、寒病、关节病等寒病。寒病由蒙古高原寒冷气候条件和生活方式等导致。

关于畜粪的民间禁忌

蒙古人视火为圣洁之最，在祭灶时尤为讲究圣洁。分家后重建新家时忌讳用新火种点燃新家的火，必须从父亲家的火盆里取火种点燃新家的灶火，表示继承父亲之灶火的意思。畜粪是灶火的常用燃料。关于畜粪和畜粪灰的禁忌较多。

倒火灰的禁忌

1）祭灶三天内忌讳倒垃圾和火灰，要存在专用的器物内，三天后便可倒出。

2）禁忌将红着或燃着的火、有火苗的火倒外面。

---

① 由于疥癣螨虫的寄生引起的传染性皮肤病。

3）招财招福仪式后忌讳把火灰和垃圾按照平时的方式去倒，要把垃圾和火灰向顺时针方向转动三圈，并掐三小掐火灰放回火盆才倒出去。

4）禁忌把火灰乱撒乱倒，必须按既定的方向伞型盖倒在火灰堆的顶上。

5）男家主忌讳亲自倒垃圾、火灰或挑水。

6）倒垃圾或火灰时忌讳两个人一起走。忌讳把火灰和垃圾倒在一起，必须分开。并把垃圾倒在火灰的后面。否则视为妖魔或生孩子时胎盘会滞留。禁忌把火灰和垃圾倒在西南方向。

7）禁忌早晨牲畜出草场后倒火灰和垃圾。必须出草场之前倒。否则视为弄脏牲畜。若非要倒的时候须走到垃圾或火灰堆后朝向家倒。大年初一忌讳倒垃圾或火灰。夜间不许倒火灰。

8）忌讳把垃圾或火灰长时间放在家里，否则视为懒惰使无处投胎。

9）忌讳倒火灰和垃圾时路间丢落和休息，否则视为将有灾祸缠身。

10）忌讳将牲畜的骨头和火灰倒在一起。

拜火习俗

1）祭灶三天内忌讳火盆或炉灶的火被熄灭，这个习俗被称为守火。忌讳彻底熄灭火盆里的火。没有火视为不吉，灭门的迹象。

2）禁忌用"旋卷你灶火灰"，"扣翻你灶火"，"灭墨你灶火"等词语谩骂别人，谩骂视为罪过。

3）禁忌柴火或干牛粪烧得精光。

4）禁忌玩耍有火苗的火灰，视为使牲畜乱散或使愚蠢。

5）游牧搬迁或远征的车等启程或征程时忌讳从遗址或火址上面轧过。到新址后从新址的西南方开始顺时针方向卸车。远征的烧火遗址忌讳让骆驼踩踏。

6）忌讳衣襟飘过干牛粪堆或垂足坐在干牛粪堆上。因为干牛粪是柴火，这是尊重灶火的意思。

7）禁忌在火灰上小便。视为火神会发怒。女人不能在火灰上大小便，否则生青色斑点的孩子。

畜粪燃料的洁净性

1）忌讳火盆里进入脏东西。比如，忌讳灶内入猪狗粪等，视为埋汰灶火，会使身上出疮。忌讳灶或火盆里入鸟的羽毛，否则视为牲畜瞎眼。

2）蒙古牧民禁忌在家附近大小便，谨慎通过干牛羊粪或柴火带入火中，讳避使沾污灶火。我们可以从这些禁忌中看出，畜粪以外的粪便视为脏东西。

3）除了应烧的干畜粪或柴火以外禁忌火灶里进入任何奇异肮脏的东西。视为埋汰火灶，触怒灶神，闪失福气。若入脏东西视为使身上长疮，蔓延传染病以及灭门等。

4）禁忌往火或灰里吐痰。若吐痰视为欺辱灶神使身上长肿瘤。

5）忌讳火里入头发，入了头发视为使上苍误以为阳间死了人在行火葬。

6）禁忌火里烧青草，若烧视为对牲畜不利。

7）忌讳把火灰和垃圾散落一地，否则视为招灾祸。

畜粪的其他禁忌

1）忌讳让羊粪蛋飞扬，否则视为使福气飞走。

2）蒙古人搬迁时忌讳不清理生活垃圾和牛羊粪便等。必须清理好，把火压灭后才启程。

3）妊妇做锅灶活儿时忌讳把干牛粪用脚挪动或踩踏。否则视为生出六个指头等多出器官的孩子。

4）烧干牛粪时，不可从晒干的表面开始烧（乌珠穆沁的禁忌）。

5）宰羊的人不能去倒胃内物，否则视为宰了两个生命。

6）在羊粪砖火里烧吃睾丸时忌讳用嘴吹火，用嘴吹火视为去势伤口要发肿。

畜粪道具的禁忌

1）忌讳让孩子坐在背篓或在粪筐内玩耍，否则视为个子不长或女孩会月经迟缓。

2）禁忌把火钳子的尖头朝向蒙古包正北居中。

3）禁忌用烧火棍敲门或推门。

畜粪和传统教育

家畜排泄的粪自古以来便是蒙古牧民身边随处可见的存在，所以畜粪及其灰的热能疗效等价值被牧民所察觉并加以利用。这种理解方式体现在谚语、谜语、诗歌等语言游戏和儿童运动游戏中。即使在现代，语言游戏在语言、传统文化的教育、启蒙方面也起着重要的作用（桥本，1990：284）。

下面把畜粪有关的语言游戏分为三类介绍：①谚语，②谜语，③诗、歌和儿童运动游戏。

语言游戏中的畜粪

谚语（jüir sečen üge）

蒙古语中谚语被称为朱日·乌格或朱日·斯琴·乌格。"朱日"（jüir）是对比的意思。朱日的词根是 jüi（理、道理、规矩）。"乌格"（üge）是语言。斯琴有智慧，聪明，贤明的意思。

"蒙古语的谚语正是蒙古民族的'智慧结晶'，同时，在蒙古口述文学的各种各样的类型中也是表现为'最少的表现形式'表达'最多的意义内容'的艺术作品"（盐谷，2006：i）。

蒙古牧民主要饲养牛、马、骆驼、绵羊、山羊五畜，并依靠这些家畜生活。因此，在谚语中出现家畜实在正常不过，而且也经常出现五畜粪。

蒙古牧民经常使用谚语。这里，搜集了关于五畜粪的谚语：牛12例、马1例、骆驼1例、绵羊与山羊4例。

1) 关于阿日嘎拉的谚语

（1）abiyas bilig iyen eče kereglebel

arγal un ürteg i ülü kürnem

如果不能发挥才能

还不如阿日嘎拉的价值

（2）arγal un γal un ünesü ni yeke

aljaγu kümün nai noir ni yeke

阿日嘎拉的灰多

懒人的觉多

（3）arγal un γal ünesü yeketei

ardaγ ǰang saγad yeketei

阿日嘎拉的火灰多

粗暴的性格障碍多

（4）amidu kümün arɣatai

arɣal un ɣal čoɣtai

活人有出路

阿日嘎拉的火有火焰

（5）arɣal ača yilči ɣarun_a

ajil ača tusa ɣarun_a

阿日嘎拉发热

工作有好处

（6）altan u ɣadar tai

arɣal un dotur tai

表面是黄金

里面是阿日嘎拉

（7）aq_a degüü yin qol_a sayin

arɣal uusun u uyir_a sain

哥哥和弟弟越远越好

阿日嘎拉和水越近越好

（兄弟如果住得近，经常会发生一些口角和不快。住得远，关系反而近。与此相反，对于牧民来说，阿日嘎拉和水最好在近处）

（8）ɣadana ban arɣal ügeyi

ɣang daɣan uusu ügeyi

外面没有阿日嘎拉

缸里没有水

（9）arɣal un türül qorɣul

ataɣatan u qani urbaɣči

阿日嘎拉的亲戚是呼日嘎拉

敌人的盟友是叛徒

（10）arad i mekelegsen noyan ača

arɣal ban tegügsen malčin deger_e

比起欺骗民众的官僚

不如捡阿日嘎拉的牧民

（11）eljigen čikin dü alta kibečü sajilan_a

arɣal kibečü sajilana.

驴耳朵里无论放金子还是放阿日嘎拉都会

甩掉。

（对牛弹琴马耳念佛）

（12）kümün ü alta ača öber ün arɣal

别人的钱（贵重的东西）不如自己的阿日

嘎拉

2）关于霍木拉的谚语

（13）qomul deger_e ɣaruɣsan büdün_e sig

如站在霍木拉上的鹌鹑

（比喻只从低处看事物的人，眼光极其狭窄

的人）

3）有关呼日嘎拉的谚语

（14） temege ni temege bolbaču

　　　 qorɣul ni temege bisi

　　　 骆驼是骆驼

　　　 但呼日嘎拉不是骆驼

（15） qoni tai ayil qoɣula tai

　　　 qorɣul tai ayil yilči tai

　　　 有羊的家有饭

　　　 有呼日嘎拉的家温暖

（16） qotan dü saɣuɣsan mergen eče

　　　 qorɣul iyan sügürdegsen malčin deger_e

　　　 待在家里的聪明人

　　　 不如打扫呼日嘎拉的牧人

（17） qob jögegegsen kümün ü ama jab ügeyi

　　　 qorɣul tegügsen kümün ü ɣar jab ügeyi

　　　 说闲话的人嘴没空

　　　 捡呼日嘎拉的人手没空

（18） qoni adali quraju yabubal beki

　　　 qomuɣ adali butaraju yabubal kebereg

　　　 像羊一样聚集的话有力量

　　　 像霍木嘎一样分散的话脆弱

　（19） angqan u siɣurɣ_a du mal yin aldabal abu

yin buruɣu

aryal ügeidejü yal aldabal eji yin mayu

初雪中失去家畜是父亲的错

没有阿日嘎拉无法做饭是母亲的错

(20) alta yin kini orun du

aryal boyuju ügkü

用阿日嘎拉回报金子

(21) ebesün ü jirgal i aryal du büü toyuča

ürlüge yin nara i naran du büü toyuča

草多不算阿日嘎拉

朝阳不算太阳

(22) udayan sayuysan ail un ünesü taryun

udayan negügsen ail un mal taryun

长定居的家庭灰多

长移动的家庭家畜肥

通过搜集与畜粪相关的谚语，发现相关谚语的种类很多。从这里可以看出在内蒙古牧区广泛利用畜粪且利用价值很高，这是事实。

小长谷有纪在《蒙古风俗：探究谚语文化》中，关于畜粪叙述如下。

"在蒙古游牧生活中，牛等畜被用作燃料，因此畜粪是贵重的生活材料。畜粪不仅有这样的实用价值，干燥的粪和干燥之前的粪，都是蒙古人特别的观察对象和思考媒介"（小长谷，1992：24）。

谚语中常被引用的畜粪是牧民日常接触并熟悉其性质的存在。

谜语（onisuγ_a）

蒙古语的谜语是用于培养孩子的思考力和判断力的游戏。现在，内蒙古自治区的蒙古族中小学的教科书中频繁使用蒙古语的谜语。以下介绍有关畜粪的谜语。

（1）ebesün dotur_a ebügen čidgür

/arγal/

草中的老鬼

（答）阿日嘎拉

（2）tal_a deger_e taγjiγar qabtaγ_a

/üker ün baγasu/

草原上又矮又短的袋子

（答）牛粪

（3）qajaγu deger_e qar_a dzandan ayaγ_a

/üker ün baγasu/

坡上黑檀碗

（答）牛粪

（4）ündür eče mündür baγuqu

/temegen ü qorγul/

从高处降冰雹

（答）骆驼粪

（5）qaɣan u qančui ača qar-a subud asqaraqu
/temegen ü qorɣul/

可汗的袖子散落黑珍珠

（答）骆驼粪、绵羊类、山羊类

（6）qamiɣ_a ača yirbe. tosutu yin ɣool ača
yirel_e. tosu čini naɣaldadaɣ ügeyi čini yaɣakil_a.
manayi ɣajar un yosu /qorɣul/

你从哪里来的。我来自油河。为什么没沾油。那
是我们的做法。

（答）呼日嘎拉

诗·歌（silüg daɣuu）

畜粪在蒙古语的诗歌中也经常出现。下面以两首
歌为例分析畜粪的使用。

1）"我是蒙古人"（bi mongɣul kümün）

这首歌是蒙古国的奇·其木德（č·čimed）作
词，20 世纪 80 年代，由内蒙古鄂尔多斯出身的歌手
腾格尔（Tengri）作曲和演唱。这是内蒙古众人皆知
的一首歌。歌词开头写有"阿日嘎拉的烟"。这个词
会使蒙古人联想到以畜粪为燃料的蒙古人的基本生
活。这包含着蒙古人的身份认同。

aɣal un utuɣ_a borɣiluɣsan
malčin u ger tü türegsen bi

atar keger_e nutuγ ban ülügeyi ben gejü
bodudaγ

unaγsan ene notuγ ban
öber yin beyen sig qayirladaγ
uqiyaγsan tungγalaγ müren iyen
eke yin sü sig sanadaγ.

汉译：
洁白的毡房炊烟升起
我出生在牧人家里
辽阔的草原
是哺育我成长的摇篮

养育我的这片土地
当我身躯一样爱惜
沐浴我的江河水
母亲的乳汁一样甘甜

随着"生态移民"政策和城市化，在城市生活的
蒙古人急剧增加。蒙古族 A 先生在城市生活了 20 年
左右。A 先生说，只要闻到草原上阿日嘎拉的烟味，
就会疲劳解除，心情放松。这对于在草原上生长的蒙

古人来说是共同的感受。

2）"去捡阿日嘎拉的妈妈"（arɣal du yaboɣsan eji）

诗：吉·巴德拉，曲：额·藏沁诺日布

arɣal du yaboɣsan eji mini ta

arayi dengdü udal_a syiu da

aɣaɣ tai čayi yi čini sanan sanaɣsaɣar

angɣayiju yabon_a da maɣu küü čini

汉译：

去捡阿日嘎拉的妈妈啊。

时间过了很长啊。

好想你煮好的奶茶

你儿子口渴啦。

关于这首歌的创作，民间流传着这样的故事。

在蒙古草原上，住着一个男孩。

他的母亲去世了。

每天早上他醒来后，

问爸爸："妈妈去哪里了？"

爸爸说："你妈妈去捡阿日嘎拉了。"

男孩晚上一直在家里等，没有等到，就睡着了。

第二天早上，爸爸又说："你妈妈去捡阿日嘎拉了。"

父亲一直这样告诉他。

男孩以为妈妈在他起床之前去捡阿日嘎拉，晚上睡觉后回来。

随着岁月的流逝，男孩长大，知道母亲去世了。

这个故事中"妈妈去捡阿日嘎拉"的谎话，成了失去母亲的男孩的精神支柱。

捡阿日嘎拉主要是女性的工作。采集牛粪时要到远离家的放牧地，所以需要很长时间。于是男孩相信已故的母亲只是去捡阿日嘎拉了。

圆形物体大小的测定和畜粪

在表示圆形物体的大小时，多用"羊粪（呼日嘎拉）大小""骆驼粪（呼日嘎拉）大小""马粪（霍木拉）大小"这样的词语表示。例如有"羊粪（呼日嘎拉）大小的冰雹""马粪（霍木拉）大小的石头"等。

儿童运动和畜粪

霍木拉·霍勒盖拉呼（qomul·qulɣailaqu 霍木拉·偷）

这是使用干马畜粪的孩子的恶作剧游戏。这个游戏收录在布仁特古斯的《蒙古族民俗百科全书》（mongɣul jang üile yin nebterkei toli）中（布仁特古斯，1999：1650—1651）。玩法如下：

1）每人手握青·霍木拉，在蒙古包的外面顺时针赛跑。

2）按照获胜的顺序，从门缝里伸进握着霍木拉的手。

3）在蒙古包里负责游戏的孩子在握着霍木拉的手上泼水。

4）被泼水的孩子吓一跳，把手从门缝里抽出。

5）被泼水的孩子被大家嘲笑说："你的手被尿到了"。

6）被泼水的孩子张开手掌。

7）趁空，有人抢走霍木拉。

8）被夺走霍木拉的人算输，游戏重新开始。

该游戏是蒙古儿童中广泛流传的传统游戏之一（布仁特古斯，1999:1651）。但是，近年来不太盛行。原因之一是学校合并，牧民的孩子在城市上学，远离畜牧生活成长。

通过这个游戏，可以发现有以下特征。

1）这个游戏没有男女人数的限制。

2）冬天以外的季节都可以玩。

3）游戏场所是一人在室内，其他人在室外。

4）参加游戏的主要是小学生以下的儿童。

5）游戏方法是顺时针赛跑。蒙古人祭拜敖包时有顺时针绕走的风俗。

除此之外，鹿棋、十二棋等中也利用羊粪。

畜牧和拜火礼仪

打火石

打火石是点火工具。蒙古族男子要在腰带上挂刀和点火工具的习惯。打火石由铁片（kete）、燧石（čaqiɣur）、火引子（uula）组成。引火草是在欧拉草中加入烧酒、焰硝制成。铁片和燧石相互碰撞，火花四溅，火花点燃引火草。

关于用打火石点燃阿日嘎拉的方法，西川说："打火石比火柴更合适，只用火柴点燃阿日嘎拉并不容易。首先，打火石的引火草着火后，用手揉碎非常干燥的最易燃的马粪成粉末状撒在上面。在逐渐燃烧的马粪周围堆积牛粪就可以了。有时使用风箱。"[1]（西川，1972：306—307）。

由于生火是一件非常困难的事情，所以自古以来保留着不灭火的"护火"习惯。晚上睡觉前，在炉子

---

[1] 风箱由家畜的皮做成。多使用山羊皮。

的热灰里放一个阿日嘎拉，用灰覆盖，炉子上放水壶。阿日嘎拉慢慢燃烧，第二天早上剩下小火块。在火块上放上阿日嘎拉，一吹阿日嘎拉就着火。也有几十年不灭火的"护火"的家。"护火"使用的阿日嘎拉一般是乌木嘎·阿日嘎拉。因为乌木嘎·阿日嘎拉柔软且蓬松，即使在灰里也能慢慢燃烧。

"护火"有两个含义。一种是继承嘎拉·郭鲁木塔（家族）的意思，另一种是生火很难，因此不灭火，持续留火种。

图鲁嘎（炉子）

图鲁嘎放在蒙古包中央，放入畜粪燃料烧火，上面放上锅和水壶等烹饪工具，一般直径35厘米、高42厘米（图10-9）。炉子的位置是固定的，放在蒙古包正中央。蒙古包的天窗（toγunu）也在蒙古包正中央。把图鲁嘎放在天窗下，使烟容易从天窗出去。

图鲁嘎不只是工具，也在社会上实现家族的团结，并有划分男女分工的作用。图鲁嘎的左侧是女性的空间，图鲁嘎的右侧是男性的空间。图鲁嘎是连接家族纽带的象征，继承家族称为嘎拉·郭鲁木塔·扎拉嘎拉木吉拉呼（γal γulumta jalγamjilaqu），其中图鲁嘎是家族的象征。因此，为了不让火熄灭而精心守护。现在仍保持着用生火仪式开始婚礼的习惯。

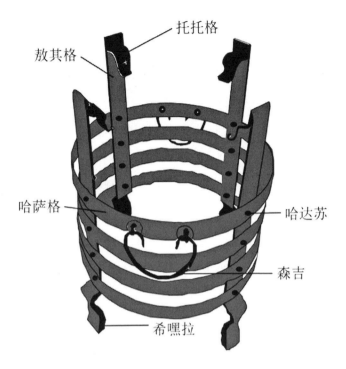

┊ 图 10-9 图鲁嘎

　　图鲁嘎的构造由哈萨格（铁板圈 qasaγ）、敖其格
（očoγ）、希嘿拉（脚 siqir_e）、托托格（边 todoγ）、
哈达苏（固定的铁钉 qadaγasu）、森吉（把手 senji）
组成。图鲁嘎有两种：有三个脚的图鲁嘎和四个脚
的图鲁嘎。一般常见的是四个脚的图鲁嘎。用 8—9
厘米左右的 4 个铁板做成圈，用铁板做 4 个脚。把
围成圈的铁板称为哈萨格（qasaγ）。4 个脚的铁板
在其上端的尖端向内弯曲成钩状，这被称为敖其格

（očoγ）。使用时，把敖其格朝上，四个脚朝向西北、东北、东南、西南方向放置。在平坦的地方放图鲁嘎，一般放在平坦的石头上。平坦的石头被称为图鲁嘎因·德日（枕 der_e）或塔布青（台 tabčang）。

搬家时，首先把佛龛拿到灰吹不到的风向上方，然后把图鲁嘎放在佛龛旁边。在马车和牛车上放上蒙古包和其他家具后，再把佛龛和图鲁嘎放在上面。

有关图鲁嘎，有很多禁忌。例如，不能从图鲁嘎上面跨过；不能敲打图鲁嘎；不能放在规定以外的地方；不能擦拭图鲁嘎；不能把锋利的武器对准图鲁嘎。

蒙古人的拜火仪式

蒙古人的一系列祭祀仪式从阴历正月 1 日的天祭开始，其中拜火仪式是年末举行的最重要的仪式。每年的阴历 12 月 23 日或 24 日举行拜火仪式。

在举行拜火祭祀之前，先打扫房间和院子；准备拜火祭使用的食物（羊胸骨肉、黄油、酒、布等）；准备祭火用的燃料。

蒙古人的火神是女神，称之为"火母"（γal yin eke）。火神赐予幸福和财富，有纯洁的特质，具有净化的能力。对火挥动锋利武器和烧脏物和水是禁忌。

火相关的工具也有很多的禁忌。进行大扫除时，特别要把与火有关的工具弄干净。把夹畜粪燃料的剪

刀打开放是禁忌。敲打图鲁嘎也是禁忌。在火有关的
工具上跨过是禁忌。

拜火祭的重要供品是羊胸骨肉。准备过冬的肉时，
挑选无伤、无病的羊胸骨肉。蒙古畜牧社会中羊胸骨
肉是蒙古人给女儿的部位，被理解为"女性骨头"。

用于仪式的燃料，使用特别准备的柴火或呼
和·阿日嘎拉（经过一年以上的非常干燥的牛粪）、柳
枝等。阿日嘎拉在拜火祭祀等仪式中是必不可少的。

羊粪和占卜

为了了解人们的宗教世界观和社会的变化等，占
卜考察是民俗学重要的课题之一。随着 20 世纪 90 年
代开始的定居化，分配牧草地，限制了家畜的活动范
围。只要牲畜不从铁丝网上跳出逃跑，也不再走几公
里寻找牲畜了，用羊粪占卜家畜去向的做法也渐渐消
失了。但是，占卜并不是完全脱离畜牧生活。下面介
绍现在也在进行的家畜占卜。

关于家畜的占卜有肩胛骨占卜（dalu yin tülge）、
肝脏占卜（eligen tülge）、踝骨占卜（šaγ_a yin tülge）、
粪占卜（qorγul un tülege）等（表 10–6）。

表 10-6　利用家畜占卜的种类

占卜（tülge）	占卜人	材料	数	使用家畜	是否屠杀	占卜内容
肩胛骨占卜 (dalu yin tülge)	萨满、占卜师	骨	1	羊	是	狩猎、战争、灾害、疾病、和平、搬家、寻找家畜、狩猎、吉凶
肝脏占卜 (eligen tülge)	祭祀者	内脏	1	羊	是	自然现象、敌人入侵、官员的出生、纠纷、吉凶、疾病、寻找家畜
踝骨占卜 (šaγai yin tülge)	不限	骨	4	羊	是	吉凶、工作、健康
粪占卜 (qorγul un tülge)	不限	粪	1	绵羊、山羊	无	寻找家畜、吉凶

肩胛骨占卜（dalu yin tülge）

在蒙古传统占卜中，羊肩胛骨占卜很有名。屠宰家畜后，利用肩胛骨占卜。主要由萨满或占卜师占卜。也有普通人进行的情况。煮羊肩胛骨，吃掉骨头上的肉后，看肩胛骨的形状占卜。另一种方法是将肩胛骨放在火中烧，看裂缝占卜。占卜内容包括政治、经济、疾病、战争、自然灾害、搬家、寻找家畜、狩猎、敖包祭祀日期等（那木吉勒多吉，1998：58）。

肝脏占卜（eligen tülge）

肝脏占卜是在屠宰羊后观察肝脏上的血管、血液、胆囊等。是一种细致的占卜方法。在祭祀成吉思汗的八百宫祭祀中使用"祭祀羊"（sibsilgen qoni）进行占卜仪式。在阴历 3 月 21 日（春季大祭之日），从活羊身上取出肝脏和胆囊。祭司读取肝脏和胆囊上的启示（杨，2004：65）。

踝骨占卜（šaγ_a yin tülge）

绵羊和山羊的踝骨在蒙古语中被称为"沙嘎"（šaγ_a）。形状为六面体，其中四面分别代表马、绵羊、骆驼、山羊。沙嘎用于游戏，有 15 种以上的游戏方法（布仁特古斯，1999：1593—1615）。踝骨占卜中也使用沙嘎。

首先想好要占卜的事情，骰子式摇动 4 个沙嘎，以出现的组合来占卜。如果四个沙嘎的面都不一样的话，被称为"都如本·贝日克（durben berke）"，被认为吉利。如果出现 4 个"马"，被认为所有的事情都会成功。在新年初一早上，很多家庭用这个占卜新年运势。

羊粪占卜（qorɣul un tülge）

家畜占卜是以宰杀家畜为前提。而羊粪占卜不需
要宰杀家畜，也不需要由占卜师、萨满进行。谁都可
以自由进行。以下介绍羊粪占卜的不同方法。

羊粪占卜的方法

羊粪占卜在蒙古语中被称为呼日嘎拉因·图鲁格
（qorɣul un tülge）。羊粪占卜与蒙古地区其他占卜一样，
是用某种方法确认"神意"，并采取相应的行为。羊粪
占卜很早就在内蒙古地区进行（参布拉敖日布，1999：
193）。

在羊粪占卜中，只使用一个羊粪。把插上羊粪的
德日苏草（芨芨草）插在地上，然后点燃德日苏草。
德日苏草燃烧后，羊粪会掉落在地上。根据羊粪落下
的方向和离占盘中心的距离来判断。

羊粪占卜的目的

羊粪占卜的目的有两个：寻找失踪的家畜；判断
外出亲属的吉凶。

占卜道具

占卜需要呼日嘎拉（1个绵羊或山羊粪）、德日
苏草（1根芨芨草）、火、占盘（temdeg，标记）。

1）呼日嘎拉

占卜使用的呼日嘎拉干湿都可以，但要大的圆形

的呼日嘎拉。

2）德日苏草

德日苏草（芨芨草）是草本植物。除家畜吃以
外，也用于药。它是一年到头都能接触到的草。晚
春、初夏，德日苏草的嫩叶为牛和羊的最爱。到了冬
季，德日苏草的草丛就成为家畜躲避寒风的地方。锡
林郭勒盟地区经常发生雪灾。发生雪灾时，草被雪覆
盖，家畜能吃的草变少。德日苏草的平均高度为 1—
2 米，积雪无法盖住，成为雪灾中家畜的主要饲料。
因此，牧民经常在德日苏草多的地方设冬营地。日常
生活中也经常使用德日苏草，用于制作扫帚、佛灯的
灯芯等。占卜中使用 12—15 厘米的德日苏草。

3）火

用打火石、火柴、打火机等燃烧德日苏草。

4）占盘

占盘用于判断占卜的结果。用手指或硬物在地面
上画标记。该标志被称为占盘。占盘中使用三种符
号："＊"型、"＋"型、"＊"型。

进行羊粪占卜时，要在心里想占卜的事情，反复
念咒语。咒语内容如下：

"mergen bügüde yi med med"

具体内容不清楚，按字面意思翻译的话，"知道、
知道全部的智慧"。以咒语来祈祷占卜的准确性。

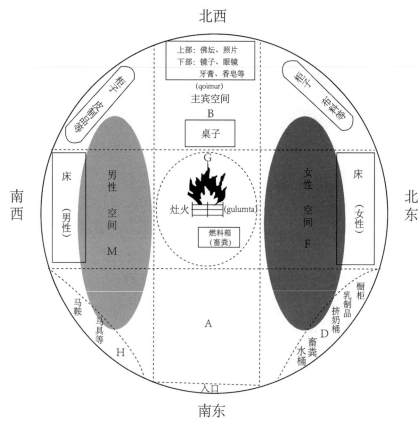

⋮ 图10-10　室内占卜的位置（灶火前）

寻找家畜的过程和判断吉凶的过程

1）寻找家畜的过程

发现家畜失踪，主人会骑马寻找家畜。找了几个小时还没找到的话，就会中断寻找转而进行占卜。根据占卜的结果再开始寻找。

2）判断吉凶的过程

亲属外出，没有在规定的时间回来，就进行占卜，根据占卜的结果判断吉凶。

占卜方法

把插上羊粪的德日苏草插在地上，点燃德日苏草。德日苏草烧完后，羊粪会掉落在地上，根据羊粪的掉落情况做判断。占卜的场所分为室内或室外。在室内进行时，于午饭和晚饭的准备间隙，在灶或炉前进行（图10-10）。一般由年长的女性做。进行失踪家畜的寻找和外出亲属的吉凶的判断。

在室外进行时，选择德日苏草生长的避风处进行，由寻找家畜的男子进行。

判断结果的方法

①结果取决于羊粪滚落的方向。按羊粪滚落的方向寻找失踪的家畜。羊粪向灶和炉的方向滚落被视为吉利。

②寻找家畜的距离取决于从占盘中心的远近。如果滚落的羊粪离中心很近，寻找的家畜在附近；如果滚落的羊粪离中心远，就判断寻找的家畜在远处。

羊粪占卜的神秘面

①在自然状态下穿插在德日苏草的羊粪被认为具

有神奇的力量。羊粪被针一样细的草穿插的概率非常低。这样的畜粪被认为具有超自然的"力"（qüčin）。"力"是超自然的存在，掌管人的命运。

②蒙古人有一种观念，认为火具有驱除恶灵、邪气、毒等的力量。占卜中的火也是其表现。

畜粪和马的葬礼

自古以来，蒙古牧民饲养家畜，与家畜一起生活。牧民爱护家畜，对特别的家畜仍保留着进行特殊的礼仪风俗习惯。特别是对爱马或种马，尤其是繁殖力强的骏马，给主人带来荣誉的种马，受到主人特别的爱护。除此之外，牧民对天之父神和地之母神进行献祭神圣家畜的神圣仪式。在被神圣化的家畜的头上挂布条（次塔尔），从此以后不再使用该家畜，任其自由生活。死后也不能吃其肉、穿其皮，如果是马，禁止剪掉鬃毛和尾巴毛。

种马死后，不动尸体，让尸体被猛禽等啄食。主人选择吉日，把头骨带到小山或敖包，头骨朝北放置，在头骨的眼睛和鼻孔里放入霍木拉（干马粪）。然后祝福："回到北方的大地，成为珍贵的骏马"。堆放马头骨的山丘和山被称为马敖包（aduγun obuγ_a）。蒙古草原上有很多这样的敖包。蒙古人认为祭拜敖包是向"腾格里"（天）祈祷。

畜粪和佛教

这里的佛教是指藏传佛教。从西藏传播到青海、甘肃、内蒙古，甚至蒙古国的宗教。16 世纪到 17 世纪，藏传佛教的格鲁派传入蒙古地区，清朝中期达到鼎盛。当时内蒙古地区有 1800 多座寺院，15 万僧人。19 世纪，内蒙古地区有 1200 多座寺院，10 万人以上僧人。仅锡林郭勒盟就有 273 座寺院和 14378 僧人（胡日查，2009：36—37）。可见，清代内蒙古地区有很多寺院和僧侣。

佛教寺院一般被称为苏么（süm_e）。佛教以寺院为中心进行活动，因此寺院是佛教重要的固定设施。不仅如此，在内蒙古的佛教寺院还被作为流通据点、学问据点、医疗机构、经济活动据点，支撑着蒙古畜牧社会（梅棹，1990：40—42）。锡林郭勒盟所在地锡林浩特市作为贝子庙的门前街发展而来。贝子是清朝皇族等给予的第四等爵位。

内蒙古地区寒冷，除了大兴安岭山脉的森林地带，没有几个地方有茂密的树林，大部分地区是草原或荒漠地带。在草原和荒漠地区集体生活的寺院里，畜粪燃料必不可少。

在靠近大兴安岭的锡林郭勒盟的东乌珠穆沁旗，1945 年以前有 6 座佛教寺院，其中一座叫弄乃（nungnai）寺院。于 1793 年建立，1945 年被破坏，在长达 152 年的时间里受到当地居民的朝拜。1945 年左右，弄乃寺院附近有 700—800 座畜粪堆，是由信徒们搜集的。由此可以看出，畜粪是佛教寺院的主要燃料。

畜粪对于人类生活来说，既是实用性的、生产性的东西，同时也具有象征性的意义，从占卜、巫术、礼仪的用途到宗教传播都发挥了重要作用。寒冷的草原地带几乎没有树木。在这样的地区，要维持几百名僧侣居住的寺院正常运转，畜粪是极其重要的物资。

第十一章　青海高原上的畜粪利用

2007 年，普布次仁的论文"翻译和文化的关系——以牛粪文化为例"被刊登在《西藏研究》。此文从畜粪文化的视角探讨了对西藏文学翻译的文化理解（普布次仁，2007：73—78）。他说："如果不理解西藏畜粪文化，不可能翻译西藏文学"。但是，他没有触及畜粪文化本身的概念。

2013 年，张宗显的《西藏牛粪文化》论文被刊登在《百科知识》（下）。他用了"牛粪文化"一词（张宗显，2013：57—59）。该文是国内开始关注西藏畜粪文化的一个例子。该文记录了在西藏畜粪被用于取暖、烹调、风俗（搬家和结婚祝福）、人类的粪食、吸烟、民间医疗、宗教礼仪等 7 项事宜。

2016 年，星泉的《利用粪便达人》论文被刊登在《牧民的生活与文化》特刊。他讨论了关于西藏地区燃料粪的加工过程以及燃料粪的利用。星泉研究小组于2018年编纂了《西藏畜牧文化辞典》(试行版)，并在网上公开。这本词典是根据西藏东北部、安多地区泽库县麦秀镇牧民的语言和文化编写。在这里收录了牦牛粪被用作燃料、拴家畜的工具、固定帐篷的工具、建造物、点火材料等。

2016年南太加的《西藏畜牧社会中牦牛粪的名称及其利用法》论文被刊登在《日本西藏文化研究所会刊》第40卷。另外，2018年，南太加的《变化中的青海西藏畜牧社会——基于草原田野工作》一书由书房出版。在这些论文和著作中，讨论了青海省安多地区西藏牧民的牦牛、马、绵羊、山羊的畜粪名称和畜粪利用方法。根据南太加的论述，青海省安多地区以西的藏牧民主要使用牦牛粪。牦牛粪被用作燃料、建筑材料（围栏、墙、台、棚、肉保存用的储藏库、狗窝）、固定用工具（帐篷的固定、拴家畜）、仪式、交配预防、断奶、商品等13项。还提到，在安多地区从20世纪90年代后半期开始畜粪的商品化（南太加，2018：107—109）。如今利用畜粪的新燃料开发正在进行。

畜粪还用于阻止再次交配。牦牛交配完后，在雌牦牛的背后涂抹其牦牛粪，可以防止第二次交配。可见，畜粪是畜群生殖管理中的重要物质。

在最近的调查中了解到，畜粪灰也被用于特别的用途。青海省牧民把畜粪灰包在布袋里，用作婴儿的尿片和女性生理期的卫生巾。畜粪灰是高温燃烧后残留物，因此无菌。毫无疑问，这是干旱地区的人的智慧。

以上，以蒙古高原和青藏高原的畜牧地区为中心，介绍各种畜粪利用方法。畜粪主要用于燃料，但是除此之外还有多种利用方法。总的来讲，畜粪对牧民来说是用于燃料、民间医疗、日常生活、军事、建筑、经济、风俗（搬家或结婚庆祝）、文学、家畜管理、皮毛熏染等畜牧生活各方面的重要资源。

除青海以外，笔者在新疆阿勒泰地区做调研时，发现当地畜粪主要利用于肥料和燃料。树木稀少的草原地带畜粪作为燃料利用。农村地带入冬后的牛羊粪在春天拉运到指定地点集中堆积，待发酵成有机肥料后提供给周边的种植户。这样解决了农村畜粪多，环境脏乱的问题，还解决了农业有机肥的原料问题。每立方米粪便以30元的价格被收购，新疆的家畜废弃物资源化在加速。

日本北海道的奶农户把畜粪做成堆肥，卖给其他农户。2019年3月份一袋14升的畜粪有机肥158日元（约10元）。北海道奶农过冬时主要用煤油和天然气。畜粪燃料几乎见不着。有的奶农户用畜粪（主要是黑白花奶牛粪）发电。奶牛粪利用主要体现在新型能源的开发。

第五部分

结语：资源·认知·价值

牛粪是我们高原人所不可缺少的。但是我们离没有牛粪的生活越来越近。没有牛粪的日子将是我们自我遗失的日子，是给我们生活带来灾难的日子，也是我们与大自然为敌的日子。到那时，我们的慈悲心与因果观、善良的品性都将离我们远去。

——兰则

第十二章 资源·认知·价值

　　本书从空间布局上分析了畜粪文化，以探索中国丝绸之路沿线干旱地区畜粪文化的丰富性、文化特征的风土性为目的。如果要把自然界中存在的物质作为资源加以认识，那么对其赋予价值是必不可少的，而且环境本身带有的各种条件，对资源认识影响深刻，因此不得不从多个角度与层次来探索研究畜粪资源及其文化。从这一点出发，将畜粪视为一种家畜资源，从对畜粪的拾粪行为、畜粪名称体系、畜粪利用体系等方面来寻找其价值并由此构建畜粪文化论。如何理解对畜粪的拾粪行为对理解畜粪文化的意义有很大影响，从等同于食物采集行为和捕鱼行为这样的视角来看待拾粪行为，那么会容易理解拾粪行为对人类生活所起的作用。而且也会因此容易破解家畜起源和畜牧文化的形成原理。从畜牧技术的角度来看，拾粪技术

则可以为新的畜粪文化论建立链接。传统畜牧业中拾
粪的主体是女性，畜牧社会中挤奶的主体也是女性，
这些关键的畜牧业技术由女性来掌控，从而说明畜牧
业的主要缔造者是那些女性。通过畜粪文化研究得知
在畜牧文化的形成中女性扮演着重要角色。

本书从畜粪的拾粪行为、畜粪利用体系、畜粪名
称体系阐明了畜粪在畜牧业形成中发挥的重要作用。
梅棹忠夫指出，"挤奶"和"去势"是畜牧业形成的
革命性技术，是两次畜牧业革命。实际上，"挤奶"
和"去势"是畜牧文化史上家畜资源的开发运动，把
这两项技术简单的视为决定畜牧生产力的条件是不合
理的。畜粪是一种重要的畜牧资源，从底层支撑这些
畜牧技术，如果没有畜粪利用就不可能形成畜牧业。
基于上述情况，本研究试图提倡新的畜牧业形成论：
畜牧业是由"挤奶""去势""拾粪"行为中获得的家
畜资源与其他家畜资源的互补利用而形成。

资　源

通过挤奶、去势、拾粪等技术获得的家畜资源利
用方法的过程中，实现了家畜资源的相互补充，产生
了具有独特性的畜牧业。畜牧业是通过家畜资源的
互补关系而形成的。特别是在家畜资源中，乳、粪、
肉、毛、皮占有重要的位置，但不同家畜资源的地位

会根据地区和饲养的家畜种类而变化（在驯鹿地区，角和生殖器等家畜资源被重视）。从畜粪资源利用的角度进行比较，畜牧社会内部以及畜牧社会与农耕社会都存在一定差异。

畜牧社会内部地区间畜粪资源利用比较。本书对蒙古族牧民与藏族牧民的畜粪利用进行了比较研究，从拾粪行为、畜粪名称体系、畜粪利用体系三个方面进行详细比较，发现两地牧民在畜粪资源利用上存在的差异。藏族地区的畜粪名称多与畜粪的加工相关。蒙古族地区的畜粪名称多与畜粪颜色相关。此外，藏族地区存在的畜粪名称数量多于蒙古族地区。这体现了相同文化背景下两地牧民对畜粪资源利用上存在的差异。

畜牧地区与农耕地区的畜粪资源利用比较。通过实地调研以及文献研究，笔者发现畜牧地区存在丰富多元的畜粪利用方法及相关名称。但在农耕地区，畜粪的名称较单一，仅以家畜的种类来对其划分，并没有专有的名称，主要作用也只是田地的肥料，且在日常用语和文学作品中多为贬义。这体现了畜粪资源在农耕地区并不受广泛重视。中国丝绸之路沿线干旱区畜牧文明的特征之一就是畜粪的多方位利用，相反，农耕文明的畜粪以单一利用为主。

现代进程中的畜粪资源特性正在丧失。以上所指的畜粪是传统的放牧形式中产生的家畜粪便，而现代社会的畜粪则主要是指圈养在棚舍中的家畜产生的粪便。放牧中产生的家畜粪便才具有作为畜牧文化中家畜资源的特性，而圈养在棚舍中的家畜产生的粪便则不具备这样的资源特性。因为，放牧时牛羊等家畜食用的是天然的多元的植物，畜粪也因此具备多方位利用的可能。但是，圈养时牛羊等家畜食用的为单一的草料和人工合成的饲料，并且为了抗病多产还会食用各种药物。这就使得现代畜粪丧失了以食用多元草料为基础而形成的资源性。

认　知

畜粪文化在传统的畜牧社会中是极其重要且独特的文化，但作为重要文化体系却没有得到重视。畜粪的多角度利用不限于蒙古高原，在非洲欧亚内陆干燥地区也广泛存在。畜粪在帮助畜牧文化进步和发展的同时，也在其他家畜资源的帮助下，逐渐扩大了其名称和利用方法。

关于畜粪名称。根据研究者们的调查，青藏高原安多西藏牧民所拥有的畜粪名称较多，共计 56 个。蒙古高原的蒙古牧民所拥有的畜粪名称共计 35 个。在青藏高原的畜粪名称中，存在诸多畜粪加工的名称，而蒙古高原的这类畜粪名称相对较少。其理由在于牛和牦牛粪的差异。牦牛粪难以干燥并易于粉碎，因此有必要加工。蒙古高原畜粪名称的一个主要特征是存在许多描述颜色的名称。这应该是蒙古牧民的色彩观所致。蒙古牧民光是马毛色的名字就有数百个。这种复杂的畜粪名称的存在，表明畜粪的多角度的利用。为了弄清畜粪文化的整体情况，对畜粪的名称体系的分析必不可少。结合畜粪的名称体系明确利用方法是必需的。

中国丝绸之路沿线干旱地区，畜粪名称体系和使用体系复杂而发达。这意味着，畜粪文化是形成畜牧社会根基的极其重要的畜牧文化的子系统之一。基于上述内容，可以将畜粪文化定义为一种包含牧民的拾粪行为、对畜粪的认识体系（名称体系）以及畜粪利用体系（应用、开发）的文化体系。

在文献资料和实地调查中，关于畜粪利用的报告，蒙古族牧民共计58件，藏族牧民共计22件。蒙古高原，畜粪被用作燃料（调理、取暖、家畜阉割时的燃料）、民间治疗（湿粪治疗15项、干粪治疗6项）、人类和家畜的建筑材料（栅栏，刷墙材料）、狩猎、毛皮熏染、挖井、驱虫、奶酒的保存、产品、谚语、诗、歌、小说、谜语、大小的单位、儿童运动游戏、拜火信仰、占卜、马的葬礼、寺庙贡品、战争物质、家畜之间的屎食、布类的染色、家畜的垫子、照明、熏蒸调味品、熏蒸杀菌、家畜治疗药、哺乳抑制物、放牧时的驱赶物、熏蒸香味、除害鸟、税金替代品、贫富的象征物。青藏高原，畜粪用作燃料（取暖、烹饪）、建筑材料（围栏，墙壁、台、架子，储存肉的储藏库，狗窝）、固定工具（帐篷的固定，拴家畜的粪桩）、控制交配、家畜的断奶、销售产品、点火材料、谚语、青稞酒的保存、保温材料、风俗（搬家）或婚姻的祝福、人类粪便的饮食（正月饺子放羊粪，吃到的人会有好运）、吸烟、民间医疗、宗教礼仪。也就是说，畜粪文化研究的相关领域包括牧民的日常生活、教育、宗教、建筑、经济、艺术、战争、狩猎等（图 12-1）。简而言之，畜粪文化研究的相关领域主要有牧民的日常生活、教育（身心的教育）、技术（畜牧技术和军事技术）、经济（自给自足和商品市场经济）四大板块。

畜粪文化研究的学术意义在于，在世界畜牧文化研究中激起一股"畜粪热"，吸引更多学者投身于传统畜粪文化研究。这样有利于挖掘传统畜粪文化的全方位价值，也为丰富世界畜牧文化研究作出贡献。笔者希望能让更多的人，不仅仅是文化人类学领域的研究者，还有其他学科领域的研究者，以及像笔者一样的游牧人的后裔和在农业地区生活的人们，了解认知到一般人不会注意到的"畜粪文化"的全貌，这是笔者编写本书的原动力。

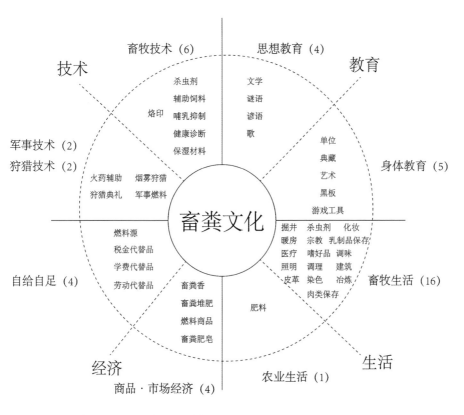

畜牧技术（6）　　思想教育（4）

技术　　　　　　　　　　　　　　教育

杀虫剂
辅助饲料
烙印　　哺乳抑制
健康诊断
保湿材料

文学
谜语
谚语
歌

军事技术（2）
狩猎技术（2）

火药辅助　烟雾狩猎
狩猎典礼　军事燃料

单位
典藏
艺术
黑板
游戏工具

身体教育（5）

畜粪文化

燃料源
税金代替品
学费代替品
劳动代替品

掘井　杀虫剂　化妆
暖房　宗教　乳制品保存
医疗　嗜好品　调味
照明　调理　建筑
皮革　染色　冶炼
肉类保存

自给自足（4）

畜牧生活（16）

畜粪香
畜粪堆肥
燃料商品
畜粪肥皂

肥料

经济

生活

商品·市场经济（4）　　农业生活（1）

图 12-1　畜粪文化研究的相关领域

价　值

　　对中国丝绸之路沿线干旱区畜粪文化进行调查后，我感到不安。一是因为在畜粪的现代应用开发中，畜粪被大量转移到农耕地区，丧失了作为肥料还原使用到当地草地的使命。另一个原因是，畜粪的传统利用方式正在逐渐减少。笔者认为，这意味着畜牧文化丰富性将因此而缩减。传统畜牧与现代畜牧的根本区别在于畜粪的利用体系。现代畜牧业中畜粪利用系统上有各种限制，利用方法比较单一，而且以肥料利用为重。但肥料仅用于农耕，这意味着畜类对畜牧文化的发展将不再有贡献空间。畜牧文化也将因此受到重创，不仅会逐渐丧失传统，还会失去未来。

畜粪的经济战略价值——畜粪成为农业的高价肥料。罗伯特·B. 马克在 *The Origins of The Modern World* 中指出，18 世纪到 19 世纪的人口爆发，至少部分原因是发现了蝙蝠粪大矿床（瓜诺）。瓜诺成为了既可以用作肥料又可以用作火药的硝石供给源。近年来，人们对安全、放心的农产品越来越关心，减少化学肥料的栽培方法被迫切需求，因此以动物排泄物为原料的有机质肥料的利用正在增加。由此，也留下了难题。21 世纪，畜粪不再是单纯的家畜资源，因为喂给家畜的很多药剂含有耐药菌，这不仅仅是局部的环境问题。畜粪中含有的抗生素和其他药物的长期生态学影响尚不明确，但要知道这是很麻烦的。另外，今后的课题是进一步深入探究这种畜粪肥料对农业社会产生的影响。

畜粪文化研究将成为文化人类学，特别是畜牧研究的一个较为重要的研究领域。2015 年以来，内蒙古自治区开发出畜熏香、畜粪灰肥皂，不仅在国内市场销售，还销往海外。以畜粪的利用体系为基础进行的商品开发对畜牧社会的发展起到很大的作用。这些开发的畜粪相关商品只是畜粪文化的冰山一角。因此，为了明确地定位畜粪文化论，畜粪的开发、应用人类学的研究以及体制的建立，在现在和今后的时代都是强烈呼吁的。

最终，通过中国丝绸之路沿线干旱区畜粪文化研究，笔者有个大的构想。传统畜粪文化资源开发和应用才是步入畜牧业第三次革命的前提。人类史当中畜牧业曾经有过两次重大革命。第一次革命是"挤奶"，狩猎是人类为了解决食物不足问题捕杀猎物，而挤奶技术则是不捕杀也能利用动物补充食物的技术。挤奶技术是人类步入畜牧社会的一项重大革命。其次是"去势"，因为"去势"有利于培育优良公畜、役用牲畜、肉用牲畜，一定程度上保证了食物的稳定供应并且提高了劳动效率。上述的两项重大技术均有局限性，"挤奶"在繁殖期内才可进行；"去势"只能用于公牲畜。而家畜的排便与家畜的繁殖期和性别毫无关系，所有家畜都能产出。所以，畜粪在家畜资源中开发利用空间是最大的，可以成为"一带一路"建设与加快民族地区发展的优势因素。

研究不足与展望

　　首先，当地语言的掌握程度不足。因调查面广，居住在内蒙古、青海、西藏、新疆、蒙古国的游牧民，虽然同生活在游牧环境里，但具体的自然地理条件、民俗习惯、文化交融状况使得各地语言复杂多样，容易忽视或误解畜粪相关词汇和文化背景的真正含义。

　　其次，研究内容的单向性。畜粪在牧民生活中必不可少，与牧民衣食住行等生活的方方面面都有千丝万缕的关联，因此，畜粪文化是个庞大且复杂的体系。本项目研究者们在短短几年里也只是研究发现了畜粪被作为资源加以利用的背景，以及如何利用的过程和最后的影响，而其中对各畜牧地区间畜粪文化的相互影响、农业地区畜粪利用状况、畜牧地区与农业地区间畜粪利用的相互影响等还未进行全面且深入的探索。今后，将进一步补充、夯实比较研究的基础。

　　此外，关于家畜起源和畜牧文化的形成原理，以及畜牧文化的第三次革命，畜粪在其中扮演着何种角色还有待进一步研究论证。畜粪作为家畜资源的一大组成部分，对牧民生活的影响无处不在，但在畜牧社会的相关理论研究中总是被轻描淡写，这有碍于畜牧社会全貌的还原和文化多样性的形成。因此，本项目的研究并不止于畜粪文化的研究模式，从畜粪文化出发的对畜牧社会全貌的诠释以及未来的走向研究仍在继续。

最后，关于畜粪产品的研究开发。家畜的毛、皮、奶、肉等为畜牧地区主要特色的经济产品。畜粪产品则主要是普通的肥料，在市场中的竞争力较弱。研究者们通过畜粪研究，根据畜粪的特性结合现代生产技术，研发出畜粪香、畜粪香皂等颇具畜牧文化特色的经济产品，提升了畜粪产品的竞争力，也为畜牧地区的经济发展形式提供了新思路。因此关于畜粪产品的开发还应继续，要继续探索畜粪更多特性与功能以及利用形式，从而促进畜牧地区的经济发展。

第六部分

当阿日嘎拉被拾起的那一刻，奠定了畜牧文化的基石。

——包海岩

畜粪文化图册

⋮ 牧区的孩子们，大部分都有拾阿日嘎拉的经历。艰苦的自然环境下，孩子们早早地便开始参与到大人们的劳动中。繁忙时节，稚嫩的身体里蕴含着无限活力，让他们在无边草原自由奔跑，在广阔天地放声呐喊，把可爱的童年和拾阿日嘎拉的身影留在这里。

┊ 常年的牧区生活中，拾阿日嘎拉这样的活儿基本由家里的女性来完成。她们利用每日的空隙来收集那些分散在草场各处的阿日嘎拉，再通过阿日嘎这样的运装工具，把干牛粪集中垒落在一起。这是一件相当耗费体力的活儿，长期的积累让她们也发明创造了一套拾阿日嘎拉的技巧，也因此使这份繁重的体力活儿得以在女性劳动者之间得到几千年的延续。

┊ 斯琴图雅，生活在内蒙古集宁市四子王旗，是地地道道的牧民，我在田野考察时有幸与她结识。她家至今仍然沿袭着传统的游牧生活。田野考察中，几年间，攒获大量关于阿日嘎拉的一手资料，为我在梳理畜粪文化研究时提供了真实可靠的理论与实践基础。

：包头市红旗牧场，2020年夏季我第一次来到这里做田野考察，通过嘎查书记呼和特穆尔了解到在我国改革开放初期，红旗牧场曾经有过给改革开放的前沿城市深圳运送阿日嘎拉有机肥料的历史。成吨的牛粪和羊粪通过列车来到两千五百公里以外的深圳，它们被分散在大小不同街道，为当地城市的绿化带建设增添了一份供给。有了内蒙古畜粪肥的滋润，南方的花朵盛开得更加鲜艳，也让生活在海边的人们真切地感受到内蒙古其实并不遥远。

：青海高原地带，牧民们习惯把较小的阿日嘎拉堆摆放成半圆的形状，类似蒙古包的搭建原理。经过这样堆放的阿日嘎拉多了一份避让狂风肆虐的本领，更能躲过瓢泼大雨的侵袭，在自然灾害中保障牧人们的热力供给。

　经过牧人智慧的双手堆砌成的阿日嘎拉堆，在夕阳中犹如一件
艺术品，姿态万千地散落在草原深处。

　青海地区的阿日嘎拉堆，有少而精的感觉。畜粪堆的摆放位置
几乎都在房屋北边。

＃ 阿日嘎拉充分燃烧后，只剩泛白灰烬，至此，它的燃料使命终结。牧民们把这些灰烬洒落在居住地的西南方向，因风力最小，可避免肆意散落和死灰复燃。烈火烧尽，又是新生。泛白灰烬也别有用途，是牧区天然的油渍清洁剂，可以清洁器皿上的油渍。它也是孩童习字作画的工具，在物质匮乏的年代，把阿日嘎拉的灰烬均匀地摊平在平整的木板上，在上面练习写字和画画既经济又环保，可以说这些灰烬是牧区孩子特殊的粉笔黑板。

＃ 晚秋到初春，绵羊、山羊的畜粪与尿、草、毛等被家畜踩踏、碾碎、挤压，形成畜粪层，这被称为呼日京（kürjing）。

┊　内蒙古赤峰市克什克腾旗牧户畜粪堆(2012年12月摄)。

┊　定居后的生活空间里畜粪堆占的比重越来越大。

⋮ 行走草原，如果遇到这样的阿日嘎拉堆，你会情不自禁地歇脚
驻足在此。这充满人间烟火气的景致，更有生命轮回不息的味道。

　⋮　阿日嘎拉堆是牧人家兴旺发达、人丁兴旺的象征，牧区人总能从阿日嘎拉堆中判断出这家人在此处生活了多少年。

　⋮　每年五、九月，牧民有个特殊的工作，他们会将新鲜的牛粪均匀地涂抹在堆砌好的陈旧阿日嘎拉堆四周。这一层新鲜牛粪，不仅让原有的阿日嘎拉保持了干燥的储存环境，更是加强了坚实的内核。给干燥的牛粪穿上一层独特的雨衣，连绵几日的雨中，也不会出现缺少燃料的情况。

﹕ 阿日嘎拉潜藏着令人惊叹的生命力，即便久经风吹雨打，一抹阳光下，春风雨露后，仍能在其中开出娇艳的花朵。因而在草原随处可见朵朵鲜花生长在牛粪上的景象，每每都让人惊奇不已。

198

┊ 阿日嘎拉看起来沉实，却因密度大易松散，取用时要特别小心，稍不注意眼前的阿日嘎拉饼可能就会碎成一地渣子，所以每次牧民会先从它比较牢固的部分取用。

┊ 阿日嘎拉堆生动体现着牧民的防灾救灾意识，为了预防连绵夏雨、天降雪灾中缺少燃料，牧人会精心呵护阿日嘎拉堆。

⋮ 排列整齐的牛粪堆，远看如城墙。它们通常被搭建在牧民住所地的西南方向，与阿日嘎拉灰烬的堆放点形成前后呼应的布局，有效阻止死灰复燃的现象。顺应自然的布局更像是移动的草原城堡，保护着牧民，为他们的住所及羊圈牛棚阻挡风力的同时，也提供着热力保障。

⋮ 伫立风雨的阿日嘎拉长墙(总长51米，克什克腾旗巴彦浩硕嘎查)。

阿日嘎拉堆砌的草原长城。

⋮ 在没有任何黏合物质支撑的情况下，把阿日嘎拉堆成这样有序的形状是怎么做到的呢？原来这里面有奥秘，那就是伊博格（羊粪砖隔离墙）。摆放牛粪堆时，每隔一两米牧民就会放置一层伊博格，等完整的牛粪堆搭建完成时，它的内部其实已经被若干个伊博格所隔断。伊博格的作用就像隐藏在牛粪城堡里的隔离墙。有了伊博格的支撑，牛粪堆才按部就班有了自己的顺序，摆出精致的造型，从而坚强地固定在松软的地面上。

⋮ 排列整齐的阿日嘎拉堆，一定程度上体现着主人对待生活的态度，同时也是评价妇女辛勤劳作的标准。

⋮ 定居后的牧户门前都是阿日嘎拉堆。

⋮ 夕阳余晖下，草原深处，静卧的阿日嘎拉堆，散发着家的味道。多少远走他乡的游子，舍不得的就是这一抹阿日嘎拉升起的炊烟。倚在它身旁时的温馨，胜过千言万语。因为有了阿日嘎拉，草原有了生机，所有依赖草原存在的生灵融为了一个整体；因为有了阿日嘎拉，才有了后来的人与人、人与动物、人与自然之间的和谐相处。没有阿日嘎拉，草原便失去了灵魂。

：蒙古国南戈壁的牧户毕恩巴道日吉，他的冬营地里饲养了八百多头骆驼、五百多只羊(山羊、绵羊)、一百多匹马。羊圈是 kürjing 垒起的，灰狼难以袭击圈里的羊群。

⋮　九月份的草原，植被进入一年当中最茁壮的成熟期，羊群享受肥美午餐的同时，也把这份营养用粪便的形式回馈大地。此时的羊粪形状也发生了变化，它并不是我们常见的单粒状，而是由数个颗粒状凝结成一个团状。这样的羊粪因蕴藏大量油脂多了许多的黏性。如果你的双手正在经历干涩的困扰，那么此时的羊粪是最好的滋润物，这是游牧民族简单有效的护肤方法。

⋮　内蒙古自治区赤峰市巴林左旗，半农半牧地区中的牛粪利用，主要用作燃料和有机肥料。

⁞ 有了一堵羊粪砖墙，草原上的自然空间就被分隔了，而空间的分隔正是家畜建筑作为一种畜牧文化的本质所在。

⁞ 毕恩巴道尔吉是蒙古国南戈壁省功勋牧民，他冬营地里用呼日京（kürjing）搭建的羊圈更御寒，轻便保暖且冬暖夏凉。

⋮ 晾晒牛粪，不是每一个牛粪都可以叫作阿日嘎拉。日晒雨淋风雪交加后，干燥易燃、形状不败的才是好的阿日嘎拉。

⋮ 阿日嘎拉堆是割舍不下的传统，它是符号，是一种坚守，即使涌入现代化潮流的牧区，也常常能见到整齐的阿日嘎拉堆。

208

┆ 达克的晒干需要烈日的高温。

┆ 内蒙古包头市达茂旗红旗牧场调研。粉状的包古查，曾经冬营地五畜在这上面过夜，有防寒的作用。

┊ 达克：分布在锡林郭勒草原的达克（夏天的羊粪砖）堆，不论规模大小，都被堆放得错落有致。

冬季的草原地带寒风刺骨，唯有畜粪燃料温暖人间。

┊ 羊粪蒙古语叫呼日嘎拉。

┊ 夏天骆驼排便的粪叫 temegen baɣasu，其颜色像绿翡翠。

⋮　马的不成形状的粪便叫 morin baɣasu。

⋮　牛春天排泄的粪颜色黑。

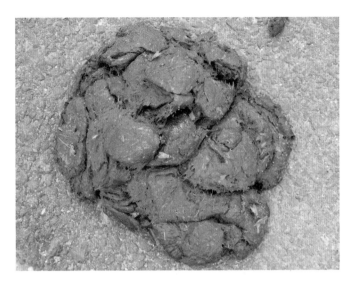

骆驼夏季排泄的不成形状的粪，晒干后也叫阿日嘎拉。

湿牛粪蒙古语叫巴斯(baɣasu)。

214

┊ 新鲜牛粪上的积水（露水、沉淀的液）可以治疗瘊子。

┊ 冬季的冻牛粪叫呼日德苏。冬季牧民的主要劳动是拾牛圈里的呼日德苏。游牧生活渐渐定居后，拾粪开始变成了男性的劳动。

┊ 青海格尔木市郊外的牛粪，干得像块木头。

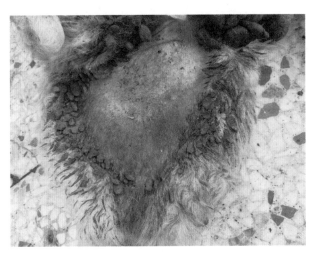

┊ 希格克(粘在羊尾巴上的粪)。

⋮ 哈日·阿日嘎拉：春季，牛主要吃干草，排泄的粪叫哈日·阿日
嘎拉。火力强，用来煮肉。

⋮ 内蒙古草原上的希日·阿日嘎拉，秋季的干牛粪叫希日·阿日
嘎拉。

青海的希日·阿日嘎拉。

第一次触摸青海希日·阿日嘎拉，就像干柴火。

218

⋮ 哈日·阿日嘎拉：春季牛吃了干草后排泄的干牛粪。

⋮ 希日·准嘎克：幼畜吃初乳后产生的粪便。

乌兰·阿日嘎拉：冬季牛吃干草排泄的粪，颜色稍红。阿日嘎拉既是进城人故乡的味道，也是乡愁的代表物。

220

：呼日·阿日嘎拉：制作牛粪香的原材料。传统生活中，呼日·阿日嘎拉的利用方法极多，可用于祭祀火神。

：哈日·准嘎克：牛犊吃初乳之前的粪叫哈日·准嘎克，有独特的味道，用于离乳。把哈日·准嘎克涂抹在母牛的乳房，这样牛犊就渐渐不吃奶了，是大自然神奇的赐予物。

夏季的萨日孙·阿日嘎拉，火力弱。

萨日孙·阿日嘎拉的加工极其繁琐，用途少。

222

┊ 马的干粪被称为霍木拉，富含纤维，易燃，可作为引火材料。

┊ 春季的牛粪，干了后叫哈日·阿日嘎拉(哈日是黑色的意思)。牧民们的谜语中哈日·阿日嘎拉经常出现。

┊ 鄂温克族驯鹿粪奥日克塔（orokta）。

┊ 哈拉图日·阿日嘎拉：从仲秋到初冬，牛吃青草和干草排泄的粪。哈拉图日是黑白相间的意思。

┊ 萨日孙·阿日嘎拉：夏季的牛粪，从底部被虫子侵蚀，剩下薄薄的一片，这种薄粪叫萨日孙·阿日嘎拉。

呼日京堆（羊粪砖堆）：呼日京专指羊粪砖，原材料就是日常的羊粪。羊粪砖不需要专门制作，它是羊圈里自然的产物。羊的日常排泄物自然累积后，再经过羊群不停地踩踏压实，形成有弹性的底座，为防止羊群受伤，等底座达到一定厚度，牧人会根据需要将它们切成大小不同的砖块，用来垒羊圈，防风保暖的性能绝佳，燃烧时火力也强。

乌吉日·阿日嘎拉：一年以上在自然状态下晒干的牛粪，容易粉碎。

┊ 左边是野马的粪、右边是野鹿的粪（来自蒙古国浩比苏台国家公园）。

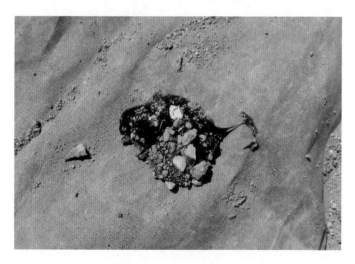

┊ 没有吃初乳前排泄的粪便。（羊羔的哈日·准嘎克）

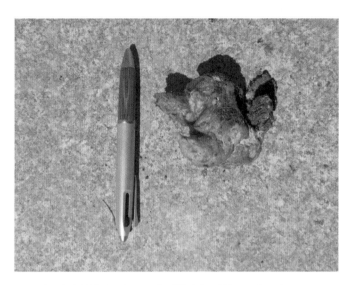

⋮ 刚出生的羊羔吃了初乳后排泄的粪便叫希日·准嘎克。

⋮ 刚出生的牛犊没吃初乳之前的粪便叫哈日·准嘎克。

⋮ 哈日·准嘎克有时用在民间医疗。

⋮ 苏尼特骆驼的粪。骆驼的排粪量较少，牧民会把骆驼的粪撒在蒙古包周围，以防止蛇进入蒙古包。

┆ 呼日嘎拉，冬季圆圆的呼日嘎拉，是儿童们的游戏中不可缺少的材料。

┆ 冬季，刚排泄出来的羊粪可以直接燃烧。雪灾发生时，可以充当燃料。

‥ 苏尼特骆驼的呼日嘎拉（qorɣul），比起羊的呼日嘎拉大3倍左右。

‥ 黑油油的羊粪呼日嘎拉，草地的重要肥料。

┆ 冬天的马粪是牛和绵羊、山羊的吃食，特别是雪灾时的救命稻草。

┆ 草原深处的景色。

┇ 花丛中的马粪。乌兰察布市辉腾锡勒草原上。（2017年摄）

┇ 自然界的有机肥料——羊粪。

乌兰察布市辉腾锡勒草原的羊粪。(2017年夏天摄)

┆ 花丛里的马粪霍木拉。

┆ 呼和·霍木拉。古代战争时的独特燃料，它外面有一层草帽，雨水渗透不了。雨季也能利用它。

┊ 青海省格尔木市牧民屋外的炉子。一年四季，阿日嘎拉是适应各种环境的燃料。

⋮ 阿日嘎拉是草原重要的燃料资源，这一筐阿日嘎拉夏季能够提供普通家庭一天的热源需求，冬季就要用五筐左右的阿日嘎拉。

⋮ 青海地区使用的是高原牦牛的阿日嘎拉，相对来说它的植物纤维含量更加细腻，易于燃烧。

这是在蒙古国首都乌兰巴托市一处商店内出售的牛粪香产品。牛粪香有着非常好的杀毒灭菌作用，且味道自然清新，因此易于被人们接受。干牛粪经过提炼后被制作成各种不同功能的牛粪香，这种把传统和现代的制香技术充分融合在一起的特色香薰产品，重新走进了高楼大厦里的居民人家。如果喜欢原生态的干阿日嘎拉，在这家商店也能找到踪影。它们被直接装在袋子里，不做任何修饰地变成了商品的样子，映射着时代变迁。

笔者(左)在新疆霍尔果斯口岸做田野调查。霍尔果是蒙古语羊粪的意思，霍尔果斯多了量变，意为有好多羊粪的地方。可以想象这个地方曾经一定是羊群成片的美丽草原，此外，它也是古代丝绸之路上的重要驿站。令人好奇的是，这座城市为什么不是以成千上万的羊群命名，而是用羊粪命名？

　　┊　呼和浩特近郊的农民赶着马车在街头卖羊粪。这些畜肥的主要消费力量来自城市的老年人。在自家小院儿或阳台种植些花草蔬菜是近年流行的时尚，人们崇尚无公害果蔬的同时，对肥料的选择也相当苛刻，这也使周边的养殖户看到了商机，他们时不时赶着马车卖羊粪肥料，把农村不值钱的羊粪变成了额外的财富。

　　┊　锡林浩特市郊区，牧民家煤炭成了阿日嘎拉的替代品。阿日嘎拉渐渐在储物仓的一角沉睡。（2014 年）

⋮ 最适宜煮手把肉的燃料来自阿日嘎拉。

⋮ 作者（右）同内蒙古科技大学李老师在蒙古国乌兰巴托市郊做田
野调查。（2017年 6月）

┆ 蒙古国乌兰巴托市郊外牧民夏令营。希巴斯：把刚排泄出来的牛粪涂在粪堆外侧，这种涂抹粪叫希巴斯。

┆ 默默搁置的装牛粪筐子(阿日嘎)，捡牛粪的阿日嘎在储物仓的一角沉睡。说明传统式捡牛粪的日子渐渐远去。

242

┊ 夏季，锡林郭勒近郊接待着全国各地的游客。为了体验原汁原味的草原风味，经营旅游点的牧户还是选用传统的阿日嘎拉烧火做饭。阿日嘎拉比起煤炭更温和，不会产生乱窜的火星，因此几百年来极少出现室内燃烧阿日嘎拉而导致火灾的状况，这也是牧民们至今仍然在室内使用阿日嘎拉的原因。

┊ 蒙古地区，牧人常遇到畜群走失的情况。每当这时候，古老的占卜习俗就会派上用场。占卜中多用到羊粪和芨芨草，芨芨草燃烧后，羊粪掉落在地上。根据羊粪落下的方向便是失畜所在的方向。

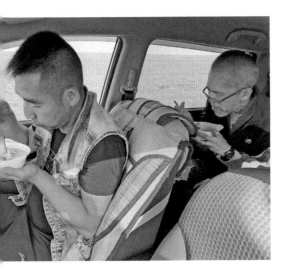

┆ 日本国鹿儿岛大学尾崎孝宏教授(右)，一个热爱畜牧文化并且热衷研究畜牧文化的日本人。多年来，他行走于世界各地的草原地带，在野外用阿日嘎拉做饭是他在内蒙古草原亲身经历过的，没有什么比这碗热腾腾的羊肉面来得更能说明问题。

┆ 从捡石头搭建灶台，捡阿日嘎拉烧水，到下面煮熟，不到 30 分钟一顿午饭就做好了。利用野外资源有时更具时效性，宁静的游牧生活与速度无关，因为它早已安排好一切。（蒙古国南戈壁省内，2018 年 8 月）

244

为了防止蚊虫的叮咬，鄂温克人会在驯鹿的栖息地点燃潮湿的驯鹿粪来驱赶蚊子。

大兴安岭的驯鹿在午休。中午森林中蚊子极多，驯鹿们集中在帐篷跟前，等待着主人给点着驱蚊烟。

夏天的鲜羊肉，经过阿日嘎拉烟熏，20 分钟后就杜绝了腐烂的可能，也使其肉质产生了更加独特的风味，苍蝇也不靠近。这是蒙古高原牧人的传统烹饪法。

阿日嘎拉对草原上的孩子来说再熟悉不过，在他们眼里这就是天然的玩具。

青海，牧民家门口的燃香架子，燃烧的是阿日嘎拉。

青海地区焚香煨桑的仪式中用到的器皿，中间以阿日嘎拉为衬托形成基座，上面放置松柏等，通过煨桑祈祷诸神的护佑。

⋮ 草原阿日嘎拉的贡献者

⋮ 内蒙古半农半牧地区，大部分家畜实行圈养，牛羊圈中的粪便，经过日积月累，形成天然的有机肥，被广泛使用于田间的耕作。（2017年，通辽市科左中旗）

⋮ 建设于室内的牛粪屋，用以圈养小牛犊和小羊羔，是用柳条和牛粪制作的保温层。（图片：巴雅尔提供，2018年内蒙古赤峰阿鲁科尔沁旗）

⋮ 羊粪砖（呼日京）是用来砌羊圈的主要材料。

250

⋮ 日本的初生牛犊被划分在各自独立的饲养区。

⋮ 青海蒙古族的剪发礼仪（敖日波礼仪）之时点燃煨桑。在幼儿三周岁或五岁、七岁时择日将三年来所蓄头发剪下而举行的仪式。阿日嘎拉上面放杜松叶燃烧。

⋮ 日本北海道，精饲料饲养的乳牛。这些奶牛一年四季吃干草，几乎见不到绿草。

⋮ 舍饲，传统的阿日嘎拉逐渐消失，反而产出环境垃圾，处理过程极其繁琐。

⋮ 日本北海道十胜平原酪农户机械化处理牛粪。

⋮ 日本牛粪堆跟丝绸之路沿线干旱区的牛粪堆有极大的区别。没人说它是燃料，而是"垃圾"。

日本北海道酪农户的牛粪发酵场地。

饲料饲养的日本牛，粪便中含水分多，不能形成固体块状。

日本北海道带广畜产大学畜产研究基地。（2019年3月摄）

日本的牛粪利用主要体现在新型能源的开发、发电等项目中。

⋮ 日本北海道十胜平原是个奶牛业发达的地区。

⋮ 自然界的绿草跟这些乳牛无关，日本奶牛的饲料一年四季以干草为主。

日本北海道带广市路旁马粪有机肥广告牌。

┊ 日本的牛圈多了工业化的气息，没有阿日嘎拉产生的人文气息。
（2019年1月）

┊ 日本带广市超市在出售畜粪有机肥料。14L价格 278日元（人民币
约 16.6元）。

┊ 阿日嘎拉正在成为绿色生活的先导者。作者在锡林郭勒职业学院畜粪研究基地。

┊ 锡林郭勒职业学院率先开展了以阿日嘎拉为原材料的香薰产品的研发。

┆ 精致的阿日嘎拉产品走进人们的生活。畜粪灰香皂。

┆ 锡林郭勒地区自主研发的第一代以阿日嘎拉为原料制作的肥皂
产品。

⋮ 粉碎畜粪。

⋮ 畜粪产品制作者钢朝鲁。

┊　第一代畜粪香(小型精致的煨桑)。

┊　精致的阿日嘎拉熏香。

﹕奶食、阿日嘎拉香、马奶、奶皮，从这些蒙古特产中，可以清晰的看到畜牧文化内部的微妙联系。（图片：风户真理提供，2018年7月）

﹕奥陶木拉·德布勒（烟熏羊皮服）内蒙古乌珠穆沁地区，阿日嘎拉被使用在制衣的工序中，这种利用阿日嘎拉的烟熏加工制作的羔羊皮蒙古袍，经过处理变得不易生虫，经久耐用，且颜色复古，深得年轻人青睐。（图片：斯琴图雅提供，2018年8月）

⋮ 制作牛粪香的过程。

⋮ 刚刚起步的畜粪企业，
员工们干劲十足。

⋮ 对在牧区长大的她来说，
畜粪的味道就是家乡的味道。

┊ 喜鹊常常会在羊的粪便里寻找食物。

┊ 有时为了离乳即使涂抹了哈日·准嘎克也不管用。在没有办法的情况下,用布袋隔离乳房,系了好多带子,尽量不让牛犊吃奶。保护母牛的体力(膘)非常重要。

这些小牛犊也好奇地闻阿日嘎拉。

奶牛数量较多时，牧民会在已经挤过奶的牛身上涂抹牛粪做记号。

┊ 冬季，牛在寻食马粪。马粪富含纤维，牛可以继续反刍。

┊ 冬季，包古查（家周围的畜粪被家畜和人的脚踩踏，变成粉末状，形成厚层）是家畜的温床。

⋮ 蒙古国牧人为了纪念自己的功勋坐骑，会将它的头颅放置在这样的敖包堆上，安放的同时在眼窟窿的部位放上马粪，以此祈求坐骑的轮回转世，据说转世后的坐骑会拥有一双明亮的眼睛。

⋮ 草原地带饲养的毛驴。

在青海格尔木市进行阿日嘎拉相关的田野考察。

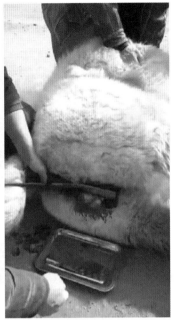

┊ 阉割去势技术是畜牧社会中家畜
管理的重要技术。阉割后的手术刀插
在干马粪上保存。

┊ 内蒙古四子王旗牧民在阉割骆
驼。骆驼身体庞大,阉割需要很大
的力气。阉割后,牧民用被阿日嘎
拉烧红的烙铁紧贴刀伤,促使伤口
结块治愈。

┊ 用阿日嘎拉烧红的烙
铁打下的印记会终生伴随
这只骆驼。

蒙古国南戈壁省牧户。到邻居家骑马1小时的距离。(2018年8月摄)

⋮ 一望无际的戈壁，树木几乎不存在，唯独有些灌木丛。（二连浩
特市，2018年7月摄）

┇ 阿日嘎拉如量足，草原生活无烦忧。

┇ 牛羊群洒满无垠绿地，到处是那些呼日嘎拉和阿日嘎拉。

┊ 草原出现了"外侵者"。风力能源渐渐代替畜粪燃料。

┊ 夏天熏肉时的器皿，里面放畜粪燃烧，用冒出的烟来熏新鲜肉。

274

拾粪劳务由女性主导向男性主导转换，对畜粪文化的态度有了180度的变化。

2012 年，赤峰市克什克腾旗的牧民吉日格拉（中）和他的儿子（左）、作者（右）。

：敖鲁古雅驯鹿夏营地：造访与闯入截然不同，留下的不是伤害悲愤，而是恋恋不舍。

：阿勒泰森林里的图瓦牧民家。他们把牛粪叫作"阿日嘎孙"，也就是阿日嘎拉的古语。

⋮ 青海格尔木盆地都兰县以盛产优质红枸杞闻名。野生枸杞经过
人工栽培后培育出了优质的种子，更加适应盆地大面积种植。每年
秋季，枸杞丰收的季节，从河南等地便会涌入大量人工，参与到当
地采摘过程中。高峰时，外地人工数量达二十万之多。农忙时节采
摘大军的涌入使格尔木盆地显现了别样的农区景致，农耕文明与游
牧文明恰如其分的转换，堪称一道时节的亮丽风景线。

┊ 对于阿勒泰哈萨克牧民，奶食的加工制作是妇女们的看家本领。做奶食品要用畜粪燃料，火力调节极其重要。

┊ 锡林浩特市宝力根苏木地区。那森（左）是一位赤脚医生，也是地地道道的牧民，他教给我很多牧草的名称。

┊ 从燃料到饲料，秋季草原多元化的物资储备是为了更好地迎接即将到来的寒冬。草料中草类丰富。这是畜粪特色形成的基础。

┊ 以往用背篓运输阿日嘎拉，如今用三轮摩托。

小羊羔断奶前后的过渡食料，作用类似于人类婴儿时期的辅食。出生 15 天后羊羔开始慢慢吃草，此时产出的羊羔粪可用作燃料。

五畜加驴，畜粪家族又加了驴粪霍木拉。

⋮ 牧区现代版的勒勒车。

⋮ 虽然住进砖瓦房定居，牧民仍然使用移动储藏工具。

┊ 冬季推牛粪时用的推车。

┊ 蒙古语为 dara，是鞣制
皮革过程中使用的工具，它
由生牛皮和榆树树干所组
成，在炼制皮革的过程中起
到容器的作用，使用者会在
其中装满乳清，将需要鞣制
的生皮放入其中浸泡二十天
左右，直到生皮达到一定的
弹性后再取出进行下一步的
加工。下一步工序就是皮革
上涂抹畜粪灰。

282

┊ 羊羔袋蒙古语叫 degtei或者 uɣuta，流行于蒙古高原，是为初生羊羔准备的专用袋子。它用毡子制作而成，可以持续使用数十年。每当初生羊羔降临，母羊舔尽羊羔身上的胎衣（胎液羊水）之后产生互鸣。互鸣即指母羊和羊羔相互呼唤，这个过程会持续十到十五分钟。互鸣结束后牧民会将羊羔装入羊羔袋，这样做相当于把羊羔放入保温箱，以抵挡外界的严寒，此外在羊羔袋底层牧民会放入一些马粪，马粪具有很强的吸湿能力，可以吸附羊羔身上附着的残留物，起到给羊羔以二次清洁的作用 。

┊ 羊羔袋的使用建立了母羊与羊羔牢固的亲子认知关系，从而为以后的受乳和哺乳建立基础 。

┊ 草原上的接羔师要忙碌到春末夏初，他们的接羔袋是草原生命的摇篮。牧民自行设计的保暖接羔袋，透气、温暖、干燥。干马粪（霍木拉）是羊娃娃的天然"尿不湿"。

┊ 葬礼时的牛粪利用。送葬回来的亲客们到家门口时要围绕烧着牛粪的火盆走一圈，接着，亲客们洗手，并将手上的水滴弹洒到燃烧的牛粪上。

⋮ 给马和骆驼烙印是用羊粪砖（呼日京）燃料。给家畜烙印时，要用羊粪砖来烧红烙铁。这样做对伤口的缝合有消炎作用。

⋮ 畜粪烟可以驱蚊。在帐篷附近点燃畜粪，一可以驱蚊，二可以防范野兽的入侵。

利用畜粪灰写字板。写字板为长方形，四边是木制的外框，框里会嵌入适当尺寸的木板或石板，将畜粪灰铺洒在表面就可以用手指或木棍来写字。写完字用手抹平畜粪灰就可以擦除字迹。畜粪灰写字板是古代重要的文具，具有一定的环保作用。

诸多藏书每年春节时拿出来用牛粪烟熏。这样保存的书籍几百年无损。用牛粪烟熏的书籍不虫蛀，老鼠也不嗑。

内蒙古四子王旗草原屎壳郎的窝。

阿日嘎(拾粪筐)。

如果冬季草原没有阿日嘎拉，一天都难熬。

288

捡牛粪的额吉（妈妈），刻在石头上的艺术品。

附录 已出版英语论文（2020 年）

TOWARDS A THEORY OF DUNG CULTURE: AN INNER ASIAN CASE STUDY

Haiyan Bao

ABSTRACT

Research on milk, meat, fur, bone and animal power predominates in theories of livestock resources. However, research on livestock dung, an important livestock resource that is produced regardless of the age and sex of the animal, and is a continuous and stable resource in terms of quantity, has been neglected. From the perspective of cultural anthropology, based on archival and ethnographic research, this paper examines livestock dung culture in terms of dung gathering, utilization, and naming systems. It is argued that a theory of dung culture will provide an insight into the formation of pastoralism and the origin of domestication.

KEYWORDS

dung culture, livestock resource, formation of pastoralism, origin of domestication

INTRODUCTION

Livestock have been used in different ways in the pastoral region of Inner Asia compared with the agricultural areas of East Asia. In pastoral areas, livestock dung (hereafter referred to as dung) is used for many purposes, including fuel, whilst dung has been used mainly as fertiliser in agricultural areas. As a result, there are great differences in treatment methods and views of dung, depending on its usage. Historically, missionaries and travellers from agricultural, semi-agricultural and semi-pastoral areas were shocked by the diverse and developed dung use in arid areas and left fragmented records that have become a current source for study on dung. Recently, studies in archaeological and

第六部分

environmental sciences have been begun to be carried out on dung. However, few researchers in pastoral areas have discussed the influence of dung culture on the formation of pastoralism. In order to discuss the formation of pastoralism from dung culture, I carried out a systematic and comprehensive study on dung culture in my 2014 doctoral dissertation "China Inner Mongolian Pastoral Culture – Formation of Capitalist Livestock Culture". In addition, I conducted archival and ethnographic research in arid areas of the Mongolian Plateau, the Tibetan Plateau and the Xinjiang Uygur Autonomous Region. Since 2014, Japanese researchers have also conducted field surveys on dung culture in Mongolia, India and Africa and have published papers on dung culture. In these ways, dung culture has finally begun to receive academic attention. In this paper, I attempt to construct a dung culture theory from the perspective of livestock resource utilisation in the formation of pastoralism.

LITERATURE REVIEWS AND PERSPECTIVE OF THIS STUDY

Dung missing from livestock resource theory

In 2009, Shimada Yoshihito advocated the Afro-Eurasian Inner Dryland Civilisation Theory. In this theory, the African and Eurasian continents are regarded as a connected Afro-Eurasian continent, and there is a huge area of dry land with an annual rainfall less than 500 mm in the centre. The civilisation formed in the inner drylands of Afro-Eurasian continent is collectively referred to as the Afro-Eurasian inner dryland civilisation. Great empires and cities have existed there since ancient times, and before modern civilisation centred on Europe spread around the world, it was the centre of human civilisation. Shimada (2012) pointed out that the driving force behind this civilisation was the utilisation of all resources produced from livestock, such as milk, meat, fur and power, which have the ability to move, carry and be used for military purposes, and named all these livestock resources "animal power".

However, considering the role played in the development of pastoral civilisation and culture, Shimada stated that it is not enough to consider these factors alone and emphasised the role of horn（bone）（Shimada 2014）. Inspired by Shimada's study, I began to explore whether there were other livestock resources related to the formation of pastoral civilisation. This led to the discovery that dung was absent from livestock resource theory. Since then I have begun to examine previous studies on dung. Compared with the study of milk, which has been studied extensively, dung, which is produced regardless of age and sex, as a continuous and stable resource in terms of quantity, has been neglected.

Relation between dung and the formation of pastoralism

Pastoralists living in the Inner Asian drylands have acquired most of the raw materials for food, clothing and housing by utilising all livestock resources such as meat, milk, bone, fur and dung, without waste. Importantly, these livestock resources cannot be used alone, and even if they could, they would be incomplete.

Pastoralism is established by the complementary use of livestock resources (Figure 1) . However, there is a lack of pastoralism research based on the complementary use of all livestock resources. Hirata Masahiro (2013) stated that Mongolian nomads must have mastered the complementary use of seasonal diets between milk and dairy products, and meat and viscera.

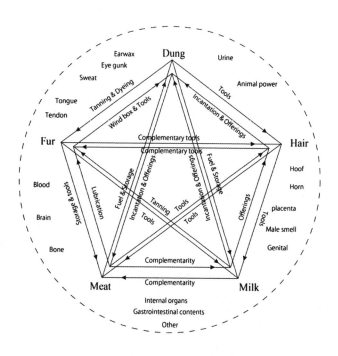

Source: Created by the author.

Figure 1. Complementary use of livestock resources.

Based on field surveys in Inner Mongolia, Umesao
Tadao (1976) proposed a theory that "milking" and
"castration" are two revolutionary techniques in the
establishment of pastoralism. Milking is a technique to
regularly obtain milk, a nutritious foodstuff, without
slaughtering. The young of the livestock are taken
hostage by humans so that their mothers return to
feed their young. At that time, instead of feeding the
young, humans milk the mothers. Another important
technique for human control of livestock is castration. By
castration, humans are able to manage the herd without
slaughtering (improving the character and physique of
livestock, suppressing territorial awareness) ; improve
the meat quality (deodorisation, making muscle fibres
finer, changing fat accumulation) ; and utilise all
livestock resources of castrated livestock such as fur
and dung throughout their life (Kawamata 2006) . In
short, it is theorised that pastoralism was established
by the development of these two major livestock herd
management techniques.

In fact, dung utilisation has been closely involved
with the formation and development of these two
livestock management techniques. Traditional pastoral

areas do not conduct milking all year round; milking is usually carried out during the delivery, milk production and lactation of female livestock. Feeding young livestock for a long time would reduce the strength of the mother, which is unfavourable both for the growth of the foetus during pregnancy and for delivery during the cold winter. Therefore, it is necessary to wean the lactating young. When weaning the young, the mother's nipple is coated with dung. In the case of cattle, the dung of the calf shortly after excretion is applied to the nipples of mother cow to promote weaning of the young. One or two months after birth, the calf begins to consume both milk and grass, and calf dung has a distinctive odor. In the case of sheep and goats, the sticky dung of mother sheep and goats is applied to the nipples.

For castration, dung also plays the role of fuel, assists in stopping bleeding and acts as a disinfectant. After removing the testicles from the horses and camels, the iron plate heated in dung fuel is pressed against the incision to stop bleeding and disinfect. This is called the castration by iron method, called qairaqu. For castration of cattle, sheep and goats different methods are used, but dung remains indispensable. According to the study of castration culture by Konagaya Yuki（2014）, four things are used in cattle castration: 1）knife, 2）bucket, 3）stick and 4）cattle dung. Smoke form cattle dung is used to cleanse livestock and for castration rituals. Raw millet is added to cattle dung, then roasted wheat and it is ignited to smoke.

From this perspective, it is certain that dung is an important complementary resource for the two major techniques that have established pastoralism. It is necessary to regard the use of dung as an important technique to achieve "milking", "castration" or any other purposes in the fields of pastoral society.

The construction of the theory of dung culture in this paper can be said to be a reconsideration of the theory of pastoralism formation. In a word, pastoralism is formed by the complementary use of livestock resources obtained from "dung gathering", "milking" and "castration" and other livestock management techniques.

Relation between dung and the origin of domestication

Another purpose of studying dung culture is to clarify the relation between dung and the origin of domestication.

298

In 1994, Matsui Takeshi wrote an interesting paper entitled "Haudricourt on milk and human feces: A reappraisal" in the Bulletin of the National Museum of Japanese History. He pointed out the role of Haudricourt's secretion = excrement in the process of domestication. The ancestral wild species of dog and pig domesticated in the humid monsoon region of Southeast Asia were attracted by human excrement as food, which provided an important opportunity for domestication. Human urine also plays an important role in the domestication of reindeer. Human urine contains salt, reindeer wish to ingest salt and thus enter the range of human life. On the contrary, human beings are attracted by milk, secretion = excrement of livestock, which is an important opportunity for domestication. Following is Matsui's interpretation of the Haudricourt theory (Table 1).

Table 1: *The process of domestication according to the Haudricourt's theory.*

Area	Animal and animal secretion = excrement	Process of domestication	Human and human secretion = excrement
South-East Asia and East Asia humid area	dog, pig	being attracted	human excrement (dung and urine)

第六部分

续表

Area	Animal and animal secretion = excrement	Process of domestication	Human and human secretion = excrement
Eurasia and North America Northern area	deer	being attracted	human excrement (urine)
Middle and Near East and Southwest Asia arid area	sheep, goat, cattle, horse, camel, yak	being attracted	Human

Source: Based on Matsui 1994: 173-175.

Matsui did not discuss the fact that human beings are attracted to livestock dung. The author considers that humans being attracted to milk is a question of pastoralism, but not of domestication. Hirata (2013: 438) argued that domestication and pastoralism are different. In the theory of origin of domestication, the research question is focused on the question of when wild animals are domesticated, thus whether they are wild animals or livestock is the question. In the theory of origin of pastoralism, the feeding form and livelihood of livestock would become a question. Even if farmers settle down and raise animals, this cannot be considered pastoralism. From the point of view of this theory, the author agrees with the treatment of Haudricourt's secretion = excrement as an upper category of milk and dung. The excrement = dung of livestock such as sheep, goats, cattle, horses, camels etc. might have been an important factor for domestication. People living in arid areas with few tree resources use wild dung as fuel and, with the increase of demand, this might have contributed to the domestication of wild cattle. Therefore, I think that it is necessary to consider milk and dung, which are secretion = excrement in their respective frameworks.

Literature related to dung culture

Based on the above-mentioned research framework, I examined literature related to dung culture. I collected records, papers, essays, dictionaries and works of missionaries and travellers about dung culture from the perspective of cultural anthropology. The use of dung in literary works was excluded. The literature collection method was obtaining literature by tracing and finding references to it and by searching keywords. The search keywords were "dung" , "dung gathering" , "dung utilisation", "dung name" and "dung culture". The criteria for extraction are: 1）dung gathering, 2）dung name and 3）dung utilisation method. As a result, nineteen texts in Japanese, Chinese and Mongolian related to dung culture in the Inner Asian drylands were extracted（Table 2）. The reason for the small amount of literature on dung culture research is that the anthropological study of dung culture in Inner Asia has only recently begun. In order to reconsider the dung culture overlooked in pastoral studies as a very important cultural topic, I focused on the analysis of fragmentary records. Organising research trends in dung culture constitutes essential analytical work for the systematic and comprehensive study of dung culture in the future. In this paper, this literature is divided and analysed into dung gathering, dung utilisation and the names for dung. These three are important factors in the formation of dung culture.

第六部分

Table 2: *Dung related literatures analyzed in this paper*

No.	Author or Editor	Year	Title	Publisher
1	William of Rubruck	1989	Central Asia Mongolian Travel Notes - The Records of the Nomadic People's Realities	Kofusha Sensho
2	John Gregory Bourke	1891	Scatalogic Rites of All Nations	William Morrow and Company, Inc.
3	Ishizuka Tadashi	1929	Livestock and Incredible in Mysterious Mongolia	The Japan-Mongolia Trade Association
4	Nishikawa Kazumi	1972	Wisdom of Mongolian Nomads' Life in Exploration and Adventure	Asahi Shimbun
5	Umesao Tadao	1990	Umesao Tadao Works Vol. 2 Mongolian Studies	Chuokoronshya
6	Yoshida Junichi	1982	Algar and Holgol - On Mongolian dung fuel from Shiteki	Nagoya University
7	Koibuchi Shinichi	1992	Hearts of Horse-Riding Nation	Japan Broadcasting and Publishing Association
8	Matsui Takeshi	1994	Cultural Geography of Secretion = Excrement: Re-examination of Haudricourt	National Museum of History and Folklore
9	Sampilnorbu	1999	Mongolian Pastoral Culture	Inner Mongolia People's Publishing House
10	Konagaya Y, Horita A	2013	Mongolian Survey Sketches of Umesao Tadao	National Museum of Ethnology
11	Bao Haiyan	2014	China Inner Mongolian Pastoral Culture - Formation of Capitalist Livestock Culture	Nagoya University
12	Bao Haiyan	2015	Dung Naming System - From Xinlingol League in Inner Mongolia Autonomous Region	Arid Land Studies
13	Kazato Mari	2017	Is pastoralism in Mongolia a living or industry - from the multiple utilization of dung	Cultural anthropology
14	Zhang Zongxian	2013	Tibetan cattle dung culture	Encyclopedia of China Publishing House
15	Phurbu Tsering	2007	Relationship between translation and culture - Taking cattle dung as an example	Academy of Social in Tibet autonomous region
16	Hoshi Izumi	2016	Masters of Dung Utilization	Tokyo University of Foreign Studies
17	Namtarjya	2016	Names of yak dung and its utilization methods in Tibetan pastoral society	Japanese Association for Tibetan Studies
18	Hoshi I, Ebihara S	2018	Tibetan Pastoral Culture Dictionary	Tokyo University
19	Namtarjya	2018	The Changing Qinghai Tibetan Pastoral Society - From Fieldwork in the Grassland	Haru Shubo

DUNG GATHERING

Examination of the term "dung gathering"

Terms for dung gathering on the Mongolian Plateau do not exist in the same way as terms as "milking" (saɣaqu) and "castration" (aɣtalaqu) do. The verb "gathering" (tegükü) is used in dung gathering, and also used in gathering other things. The reason that the term for dung gathering does not exist, might be that the word "gathering" is a component of vocabulary that already formed and existed in the hunter-gather society.

On the Mongolian Plateau and the Tibetan Plateau, collecting and processing of dung are mainly women's work. In particular, elderly women are important labourers for collecting dung (Bao 2014: 144, Hoshi 2017: 27, Namtarjya 2018: 104). People who gather dung are called arɣalcin in Mongolian, which refers to women. Arɣarlcin are women who have been working closest to wild animals, which later become livestock. They were probably the first discoverers of the milking technique. People who milk are called saɣalicin in

Mongolian, which also refers to women.

Dung gathering is heavy physical work that takes time and effort. Work on dung is done before or after milking. Dung gathering is not limited to dung collecting; the dung is often processed to make dried dung and carried back. Dung gathering is closer to harvesting than gathering (Kazato 2017: 58). Therefore, we refer to activities including collecting, transportation, processing and storage as "dung gathering". On the Mongolian Plateau and the Tibetan Plateau, dung gathering can be divided into the period when gathering is concentrated and when it is not. Dung gathering is mainly done in spring and autumn. In autumn, it is necessary to prepare the long-term winter fuel in advance, as winter dung is frozen and cannot be used immediately as fuel. In spring, it is necessary to prepare dung fuel for summer. Dung excreted in summer contains much moisture, becomes thin after drying, and is eroded by insects such as dung beetles or wetted by rain and cannot be used as fuel. Even though there is a period of concentrated dung gathering, it is no doubt that dung is a livestock resource that is used all year round.

Dung gathering is necessary for dung utilisation.

第六部分

The author believes that, according to how to understand dung gathering, the significance of dung culture varies greatly. On the Mongolian Plateau, the five livestock types of cattle, horses, camels, sheep and goats are mainly raised. On the other hand, on the Tibetan Plateau yaks, horses, sheep and goats are mainly raised. Dung gathering differs depending on the livestock. For dung gathering, I discussed dung collecting tools, dung collecting methods, transportation and storage in my doctoral thesis. The following is a summary.

Dung collecting tools

Nomads are known for their frequent movements and possession of few tools. Among the few tools nomads have, many are related to dung. On the Mongolian Plateau, there are cages for dung collecting (aroγ), dung boxes for storing dung fuel (arγal un abdar-a), scissors for holding dung fuel (γalun qaici), shovels for shovelling dung ash (ünes un maltaγur) and rakes for bending and picking up dung (sabar) (Figure 2). The methods for using and making cages, aroγ, in dung collecting are unique. The aroγ is carried on the back on the right shoulder and the rope attached to the top of the aroγ is wrapped around the outside of the left elbow (five or six centimetres below the elbow) in front of the chest. The left wrist which moves freely assists the right hand. The right hand holds the central part of the sabar, whilst the left hand holds the handle of the sabar. Dry dung is picked up and thrown into the cage on the back. In addition to dung collecting, the aroγ is also used for carrying hay and livestock, as a chair, as an aid for human birth (pressing the belly on the upside-down aroγ) and for carrying dead bodies, etc. The aroγ is made of branches and raw hide. To make it, first a hole is dug in the ground to make a model for the aro γ , then branches are put into the model and bent. Raw hides are used to fix the intersection. The aroγ is an indispensable

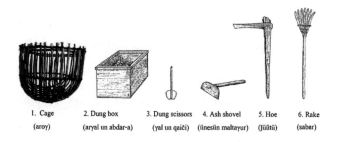

| 1. Cage | 2. Dung box | 3. Dung scissors | 4. Ash shovel | 5. Hoe | 6. Rake |
| (aroγ) | (aryal un abdar-a) | (γal un qaiči) | (üinesün maltaγur) | (Jüütü) | (sabar) |

Source: Based on Umesao 1990: 583-585.

Figure 2: Mongolian dung collecting tools.

tool in pastoral life.

Dung collecting and transportation methods

Dung collecting methods differ depending on livestock. When collecting cattle dung, people usually carry the aroγ, holding the sabar, pick up scattered cattle dung while walking, and throw it into the aroγ and carry it home. If there is a large amount of cattle dung, the collected cattle dung is piled up in several visible spots on small hills and places where it will not be washed away by water. After drying for several days, the piles are gathered in one place and transported to the campsite by a horse or cattle-drawn cart. Until recently, people still went out on pastures far from home to collect dung.

Sheep and goat dung pieces are very small and cannot be collected one by one like cattle dung. Therefore, dung is collected using a broom. In addition, sheep and goats are enclosed in barns or fences at night. The dung excreted there every night is crushed by the feet of sheep and goats and compacted to form a thick layer. The resulting dung is called kürjing and can be excavated with a hoe-like jüütü（Figure 2, item 5）. The dung of horses and camels is not used as fuel to the same extent as the dung of cattle, sheep and goats. The pastures of horses and camels are far away from the place where people live. Although there is no clear ownership of dung, the collection of dung around other people's homes is avoided.

Dung storage method

The main method of dung storage is to arrange the larger cattle dung on the outside to form a square or rectangle wall in which dry dung is piled up. In areas with trees, trees are used to make fences or arrange sheep or goat's kürjing on the outside. In order to prevent the stored dung from getting wet with rain or snow, it is covered with a sheet or the like, but there is also a method whereby the outer periphery of the dried dung pile is coated and solidified with freshly excreted cattle dung. When using dung as fuel, a hole is dug in the lower part of the pile and the dung taken out as needed (Photo 1).

In the living space of Mongolian pastoralists, the dung storage site and ash disposal site are fixed. Piles of dung are lined up to the southwest of the house. The reason is that the wind on the Mongolian Plateau

第六部分

⁝ Photo1: Dung pile. Taken by the author in Ulanqab League, Inner Mongolia, China in November 2019.

is mostly from west, and the west side is thus well-ventilated and the dung easily dried. In winter, the dung pile also serves as shelter for humans and livestock. Ash is thrown to the southeast of the house. Such choice of site is to prevent fire. Even if the ash is blown by the wind, the dung pile won' t catch fire.

　　For the research on dung gathering on the Tibetan Plateau, see Hoshi Izumi' s "Masters of Dung Utilization" (2016) . Hoshi studied in detail the process of fuel dung processing by Tibetan pastoralists. According to Hoshi, the process of fuel dung processing starts with collecting dung. Yak dung is difficult to dry and easy to crush; thus processing is necessary. He also pointed out that dung collecting is long-term heavy physical work for women and that cleaning up the place where yaks live has an auspicious meaning.

DUNG UTILISATION SYSTEMS

Dung utilisation on the Mongolian Plateau

The earliest mention of dung as fuel on the Mongolian Plateau is in the records of missionaries and travellers. William of Rubruck (1989: 5) of the Franciscan Society of Italy reported that Tartars cooked food with the burning fires of cattle and horse dung. It might have been culturally shocking for people who did not use dung as fuel.

In 1891, John Gregory Bourk's Scatalogic Rites of All Nations, a book about using dung and urine in remedies and as therapeutic agents in religion, treatment, incantation, magic, the making of potions, etc. in all parts of the world was published. The discussions were

第六部分

based on articles, notes and more than a thousand written works. The book focuses on the treatment of human excrement at the cultural level, and also gives some examples of dung utilisation. Its contents cover fifteen cases of dung utilization for funeral rituals, magic, incantation, fuel, fertiliser, housing materials, tanning, food, hunting, smoking, potions, treatment, mythology, cosmetics and rites of passage. These cases are citations from previously published materials, including Rubruck's materials. Scatalogic Rites of All Nations is the first book to study dung utilisation from an academic perspective. Bourke was inspired to write the book after attending a cleansing ritual dance held by the Indians of New Mexico in 1881 (Bourke 1995:10).

In section 16 of Ishizuka Tadashi's book Mysterious Mongolia (1929), entitled "Livestock and Incredible Fuel", Ishizuka discusses where to find fuel in the treeless areas of Mongolia. He is surprised that dung is actually a good fuel, and cooking and heating are all solved by utilising dung. There are many descriptions of the odour of dung in the materials by Ishizuka. Dung as a fuel emits a foul odour, and fastidiously clean Japanese might want to turn away when they hear about it, but in fact, the dung of livestock raised only on grass does not have any foul odour (Ishizuka 1929: 61). He also described sheep dung being used for forging.

In 1972, Nishikawa Kazumi's "Mongolian Nomads' Wisdom of Life" was published. In this paper, Nishikawa had the same questions as Ishizuka, and described his surprise at the extensive use of dung. For example, the difference in the perception of cleanliness and awareness by Japanese people about dung was mentioned. "For us, the first thing to think about is uncleanliness, 'Dung is fuel!' and the second thing to worry about is 'Can it burn?'. Of course, wet dung will not be used as fuel immediately, but with dry land, air and strong direct sunlight, the dung will dry in less than a month" (Nishikawa 1972: 305–306). Nishikawa also refers to its characteristics (flammability, heat power, smoke) as well as the type of dung fuel. Furthermore, he mentions that the wealth of a family and the working situation of women can be judged by the number of livestock as well as the size of the dung pile. Nishikawa's survey was conducted pre-war, but the paper was published about thirty years later.

Yoshida Junichi's paper "Argal and Horgol - On

第六部分

Mongolian Dung Fuel" came out in 1982 (Argal and horgol are Mongolian, refer to dried cattle dung, and dried sheep and goat dung, respectively). Yoshida studied Mongolian nomadic dung culture and described in detail the names for dung (thirteen names) and its use as fuel. He also reported in detail on dung gathering, dung burning methods and dung as heat power. Mongolian tents are wrapped in felt outside a fine wooden frame and they are strongly susceptible to fire, so spark-free, flame-free dung is indeed safer than firewood, emphasising that dung fuel is suitable for tent life. This paper by Yoshida, a researcher from a non-pastoral area, was well written and based on a full understanding of the use of dung as fuel by pastoralists. He also described the pastoralists' understanding of dung as clean, rather than causing a sense of uncleanness. To understand the relationship between dung and the spiritual world of the pastoralists in this way is an attempt to eliminate the sense of uncleanness in dung culture. He also mentioned the decrees on the use of sheep dung as fuel for forging, as a substitute for paying taxes, and on horse dung as livestock feed.

In Umesao Tadao' s Works, Volume 2, there is a

unique section entitled "Merits and Demerits of Dung"
(Umesao 1990: 399–400) . He argued that whether
dung was used as fuel or as fertiliser had nothing to do
with livestock management techniques; the fundamental
difference lay between pastoralism and agriculture.
Umesao pointed out that the methods of dung use differ
greatly between fuel and fertiliser.

In Heart of Horse-Riding Nation (1992) , Koibuchi
recorded seven kinds of dung use in addition to fuel: the
preservation of horse milk wine, building materials for
livestock sheds, insect repellent, fertiliser, literature, war
and thermal preservation of livestock. He asserted that
dung is a treasure for nomads, in that during a cold winter
on the Mongolian Plateau, dung fuel is indispensable.
Whether or not pastoralists have dung fuel is one of
the minimum conditions for choosing winter camps.
They spread crushed dried dung on the ground for heat
preservation during livestock births in the winter. The
dung used for fuel and livestock mats has great impact
on livestock life, livestock production and livestock
feeding patterns. He also noticed the military use of
horse dung. He wrote that after two or three years, the
horse dung is called Kühe homol, the surface is blue and

rainproof, making it a very good fuel. It does not become wet through rain, so soldiers use it on the battlefield; it is also called as Trereg homol (Military Homol). This is the first report on the military use of dung. Furthermore, using examples of three-line poems about dung, he examined the use of different dung names in Mongolian literature.

Mongolian Pastoral Culture (1999) is based on its author Sampilnorbu's actual pastoral life experience in his own hometown, Hexigten Banner in the Inner Mongolia Autonomous Region and on a field survey of the Mongolian pastoral groups in Xinjiang Uygur Autonomous Region. After discussing the names and uses of five livestock (cattle, horses, sheep, goats and camels) in Inner Mongolia, he argues that arɣal is not just considered as excrement. Regarding dung utilisation, there are various methods of use for folk treatment. It is a pity that some of the materials on folk treatment remedies he has collected have not been described in this book. He explained that cases without medical evidence were eliminated or deleted in reference to medical books. Sampilnorbu reported ten methods of dung use as fuel, dung from one kind of livestock used as feed for another kind of livestock during snowstorms, fur tanning, divination, folk treatment (rabies, disinfection, old wounds, hemostasis, joint disease, labour pain). It is worth noting that Sampilnorbu's book is a discussion of dung use in relation to dung names.

In my 2014 doctoral dissertation "China Inner Mongolian Pastoral Culture – Formation of Capitalist Livestock Culture", I recorded 44 kinds of dung use in pastoral society in the Inner Mongolia Autonomous Region: fuel (cooking, heating, and fuel for livestock castration), dairy processing, hunting, fur dyeing, well digging, insect repellent, milk wine preservation, as a commodity, treatment [Cebbs (rumen) treatment – thirteen kinds of wet dung treatment, six kinds of dry dung treatment], proverb, riddle, poem, song, literature, size unit, children's sport game, fire worship, divination, horse funerals, Buddhist temple offerings, war, faecal feed between livestock, cloth dyeing and building material for corrals (Photo 2). I studied the dung utilisation system in comparison with the dung naming system. The results showed that dung culture is a kind of pastoral culture that forms the basis of Mongolian pastoral society. This study had an impact on later studies on dung culture by Kazato

Photo 2: Dung corral. Taken by the author in South Gobi, Mongolia in August 2019.

Mari and Namtarjya.

In 2017, Kazato Mari published a paper entitled "Is Mongolian Pastoralism Subsistence Activity? Case Study of the Diversified Utilization of Animal Dung". This paper discussed how livelihood and industrial areas coexist in the case of dung utilisation in Mongolian pastoral society. As to dung utilisation methods, there were seventeen: as fuel, commodity, building material (blocks, wall painting materials), livestock mat, lighting, fertiliser, for fumigation of odour, for sterilisation through fumigation, heat preservation, dung from one kind of livestock used as medicine for another kind of livestock, supplementary feed, lactation inhibition, throwing objects for herd control in grazing, fumigation scenting, insect repellent and bird repellent. In conclusion, it argued that Mongolian pastoralism is based on the overlap of livelihood and industry, and embedded in dung culture to form pastoral culture. In addition, it argued that pastoral production has essentially been industrialised, but only dung has remained in self-consumption and local circulation. I agree with this argument, but consider that the industrialisation of dung has the potential to bring about great changes to pastoral society.

Dung utilisation on the Tibetan Plateau

Phurbu Tsering' s 2007 paper entitled "Relationship Between Translation and Culture - Taking Cattle Dung as an Example" examined the cultural understanding of Tibetan literary translation from the perspective of dung culture. In this context, it argued that translation of Tibetan literature is impossible without understanding Tibetan dung culture. However, the concept of dung culture itself was not referred to.

第六部分

Zhang Zongxian's paper "Tibetan Cattle Dung Culture" (2013) uses the phrase "cattle dung culture". This paper is an example of how Tibetan dung culture began to receive attention in China. Zhang recorded seven kinds of dung use: heating, cooking, customs (moving and wedding blessings), human dung eating, smoking, folk medicine and religious ceremonies.

Hoshi Izumi's "Masters of Dung Utilization" (2016) discusses the processing of fuel dung, the way of processing and the use of fuel dung. A Research Team represented by Hoshi compiled the Tibetan Pastoral Culture Dictionary (pilot version) in 2018 and made it available on the Internet. This dictionary was compiled based on the language and culture of pastoralists in Maixiu Town, Zeku County, Qianghai Province in Amdo region, in the northeastern part of Tibet. Here, Yak dung has five uses as fuel, tool for tying livestock, tool for fixing tents, building material and ignition material.

Namtarjya's "Names of Yak Dung and Its Utilization Methods in Tibetan Pastoral Society" (2016) and his 2018 book The Changing Qinghai Tibetan Pastoral Society – From Fieldwork in the Grassland examine the names of dung of horses, sheep and goats, and the utilisation methods of Tibetan pastoralists in Qinghai province, in Amdo region. According to Namtarjya's paper, Tibetan pastoralists mainly use yak dung. Yak dung has eleven uses: fuel, building material (corral, wall, platform, shed, storage for meat preservation, dog kennel), fixing tool (tent fixing, livestock ties), ceremony, mating prevention, weaning and commodity. Another interesting point of the book is that, in Amdo region, the commercialisation of dung has progressed since the late 1990s (Namtarjya 2018: 107-109). The development of new fuels from dung is also underway.

The above is the literature review focusing on the use of dung on the Mongolian Plateau and the Tibetan Plateau. It mainly describes the use of dung as fuel, but it can be seen that dung is used in various ways in addition to fuel. Among the literature, there are a total of 58 reports on dung utilisation for Mongolian pastoralists and a total of 22 for Tibetan pastoralists. In summary, the related areas of dung culture research can be summarised into four major areas: techniques (pastoral, military and hunting techniques), education (mind and body education), life (pastoral and agricultural life), economy（self-sufficient, and commodity and market economy）（Figure 3）.

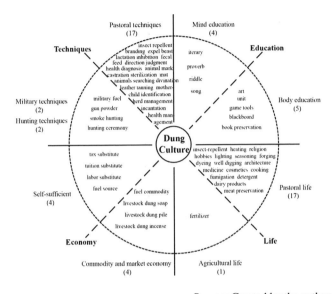

Source: Created by the author.

Figure 3: Related areas of dung culture research.

DUNG NAMING SYSTEMS

Dung names on the Mongolian Plateau

There are no dung names mentioned in the descriptions of Rubruck（1989: 5）and Bourke（1995: 10）. Nishikawa

(1972: 302–312) said that arγal refers to dried cattle dung, and kürjing refers to the solidified layer of sheep and goat dung mixing with urine, mud, sand, etc. Nishikawa's paper later had a great impact on Yoshida. Yoshida (1982: 64–86) discusses the names of livestock in Mongolia in detail. He points out that there is only one name for dung in Japan while the names of dung in Mongolia are complex and diverse. Yoshida recorded thirteen names and analysed their meanings and use methods in detail. This is the first study on dung names. Koibuchi (1992: 101–106) also left a detailed description of Mongolian dung names. The names of dung collected by Koibuchi are similar to those collected by Yoshida (1982: 64–86), but the description of utilisation methods is different. Umesao (1990: 582–585) recorded dried cow dung as arγal, and provided detailed sketches of dung and tools. The study was carried out around 1944.

In addition, Konagaya and Horita (2013: 118–134) provide photographs of dung (cattle dung, arγal; sheep dung, homol and arγal's piles) by Konagaya with explanations. It can be said that it is a supplement regarding the modern version of dung utilisation to the Mongolian survey sketches of Umesao around 1944 as mentioned above.

第六部分

Sampilnorbu（1999: 187–214）referred to the names of dung of five types of livestock. The dung shortly after excrement is called baasu. Dried cattle dung is called arɣal, horse dung is called homol, and sheep, goat and camel dung is called horgol. In addition, he also provides the detailed classification of names of cattle arɣal in the lower categories, such as qar-a algal（black arɣal）, sira arɣal（yellow arɣal）, chagan arɣal（white arɣal）, shivagaso（cattle dung used instead of clay）. In 2015, I published a case study on dung use from multiple perspectives, entitled "The Naming System of Domesticated Animal Dung: A Case Study of Shilingol League in Inner Mongolia".

In December 2014, the Research Institute for Humanity and Nature held the fourth research meeting of the Desert Commission of Arid Land Nature, and Culture Studies/South Asia Livelihood Research Meeting, entitled "Dung Utilization in Semi-Arid Regions of the World". The research contents were summarised later in a special issue of the Journal of Arid Land Studies. This was the first attempt in Japan to systematically understand dung culture in arid and semi-arid areas. Based on the case of Inner Mongolia, it was concluded that there are thirty names of types of dung, among which there are

324

nine common dung names from five livestock and 21 more specific names; the naming system is classified depending on livestock species, season, maturity stage of livestock, whether frozen or not, in dry or wet state, or in a powdered state (Table 3) .

names on the Tibetan Plateau

Hoshi (2016: 25–28) recorded the names of dung of the Amdo pastoralists, as hujia (yak dung) , rima (sheep dung) , futul (horse dung) , onwa (dung that is dried as fuel) . In addition, a research team represented by Hoshi in compiled the "Tibet Pastoral Culture Dictionary" (2018) , which included 51 names of dung among Tibetan pastoralists in Amdo, with the meaning and interpretation of each dung name.

Namtarjya (2018: 99–109) classified the names of dung of yak, sheep and goats, and horses according to season, maturity stage of livestock, whether before or after grazing, dryness, wetness, freezing, processing, colour, shape, use and status. Here were included 56 dung names of Tibetan pastoralists in Amdo region (Table 4) . This is the first systematic study of dung names of Tibetan pastoralists in Amdo region.

第六部分

It is thus clear that there are many names for dung on the Mongolian Plateau and the Tibetan Plateau. At present, a relatively large number of dung names, a total of 35 used by Mongolian pastoralists and 56 used by Amdo Tibetan pastoralists, have been reported. Among the names of dung, there are many names related to dung processing on the Tibetan Plateau but few on the Mongolian Plateau. The reason is the difference between cattle and yak dung. Yak dung is difficult to dry and easy to crush – thus processing is necessary. A major feature of the dung names on the Mongolian Plateau is many referring to colour. This is probably due to the Mongolian pastoralists' colour perception and the great number of colour names on the Mongolian Plateau. The existence of such complex dung names indicates that there is a rich variety of uses of dung. It is essential to clarify usage according to the dung naming system.

DISCUSSION

This paper has summarised the related studies on dung culture in the inner drylands of East Asia, and

Table 3: *Mongolian dung naming system*

No	Dung name Roman alphabet	Animal type Name	Before breastfeeding	During lactation	After grass feeding	Gastrointestinal contents*	Yes	No
1	ilγadasu	all	○	○	○			○
2	baγasu	all			○			○
3	čačiγ-a	all						○
4	jungγaγ	all	○	○				○
5	qar-a jungγaγ	all	○					○
6	sir-a jungγaγ	all		○				○
7	qomuγ	all			○			○
8	küke qomoγ	all			○			○
9	ötüg	all			○			○
10	sebesü	ruminant			○	○		○
11	aryal	cattle			○			
12	qar-a aryal	cattle			○			○
13	sir-a aryal	cattle			○			○
14	čaγan aryal	cattle			○			○
15	qaltar aryal	cattle			○			○
16	ûlan aryal	cattle			○			○
17	kühe aryal	cattle			○			○
18	sarisun aryal	cattle			○			○
19	üjil aryal	cattle			○			○
20	ümüg aryal	cattle			○			○
21	sibaγasu	cattle			○		○	
22	küldegüsü	cattle			○			○
23	qomül	horse			○			○
24	qar-a qomul	horse			○			○
25	sir-a qomul	horse			○			○
26	küke qomul	horse			○			○
27	qoryül	sheep,goat			○			○
28	kürjing	sheep,goat			○			○
29	küke kürjing	sheep,goat			○			○
30	daγ	sheep,goat			○			○
31	qoγ	sheep,goat			○			○
32	sigeg	sheep			○			○
33	qoryul	camel			○			○
34	aryal	camel			○			○

Shape				State						Color					
Soft	Lump*	Powder	Pile	Freeze	Dry	Moist	Diarrhea	Withered	Sticky*	Black	Yellow	Blue	White	Spotted	Red
						○									
						○	○								
									○						
									○	○					
									○		○				
		○				○									
		○				○							○		
		○				○									
○						○									
○						○				○					
○						○					○				
○						○						○			
○						○								○	
○						○									○
						○							○		
						○									
○	○					○		○							
○	○					○			○						
○				○											
○						○									
○						○				○					
○						○					○				
○						○							○		
			○										○		
			○			○									
			○			○									
		○													
									○						
○						○									

Source: Based on Bao 2015: 33-41

Table 4: *Tibetan dung naming system*

No	Dung name — Roman alphabet	Animal type — Name	Before breastfeeding	During lactation	After grass feeding	Soil licking	0-1 years	1 month old - 2 years	After 2 years	Gastrointestinal contents*
1	tshad'bu	yak,sheep,goat	○							
2	lud	yak,horse,sheep,goat		○						
3	lud spungs	yak,sheep,goat		○						
4	lud rul	yak,sheep,goat			○					
5	bud rgyu	yak			○					
6	aong ba	yak			○					
7	aong rlon	yak			○					
8	aong skam	yak			○					
9	aong su	yak			○					
10	aong rul	yak			○					
11	aong sbungs	yak			○					
12	lci ba	yak			○					
13	lci bsdus	yak			○					
14	lci gyog	yak			○					
15	lci rlon	yak			○					
16	'gro lci	yak			○					
17	lci skam	yak			○					
18	skya aong	yak			○					
19	sngo lci	yak			○					
20	sngo aong	yak			○					
21	ston aong	yak			○					
22	dgun aong	yak			○					
23	thang sa	yak			○					
24	nag rug	yak			○	○				
25	spri rtug	yak		○(within 3 days after birth)						
26	'o rtug	yak		○(after 3 days after birth to grass feeding)						
27	be'u rug	yak			○		○			
28	be'u lci	yak			○		○			
29	myang ba	yak			○					○
30	rtso	yak			○					○(rumen)
31	myng'chol	yak								
32	lci gor	yak			○					
33	lci leb	yak			○					
34	aong kor	yak			○					
35	aong leb	yak			○					
36	lci sgong	yak			○				○	
37	lci rug	yak			○			○		
38	aong lud	yak			○					
39	gtsabs rug	yak			○					
40	kho shog	yak			○					
41	kho leb	yak			○					
42	btsur rug	yak			○					
43	thang rug	yak			○					
44	lci ra	yak			○					
45	aong ra	yak			○					
46	lci sga	yak			○					
47	lci khang	yak			○					
48	lci sgam	yak			○					
49	rwa 'khyag	yak			○					
50	'kyag bug	yak			○					
51	ril ma	sheep,goat			○					
52	ril lud	sheep,goat			○					
53	ril sbung	sheep,goat			○					
54	rtu lu	horse			○					
55	rta phye	horse			○					
56	rtu'chol	horse			○					

after ng	Use purpose			Shape						State						Season				Tone
After	Tools	Fuel	Building	Round	Flat	Lump*	fragment	Powder	Pile	Freeze	Dry	Moist	Diarrhea	Rot	Wet	Spring	Summer	Autumn	Winter	Color
						○Big														
						○Small														

Source: Based on Namtarjya 2018: 99-107

proposed a theory of dung culture from the perspective of the utilisation of livestock resources in the formation of pastoralism and the origin of domestication. Pastoralism is the main livelihood in the Inner Asian drylands, and dung has been used as an important livestock resource in life of pastoralists. Dung culture can be defined as systematic activities involved in dung gathering （including collecting, transportation, processing and storage）, dung naming system and dung use system.

Umesao pointed out that "milking" and "castration" were revolutionary techniques in the formation of pastoralism. However, it is unreasonable to regard these two techniques as the only conditions determining pastoral productivity. Dung is an important livestock resource that has supported these pastoral techniques from their foundations. Based on the above, this study attempts to propose a new theory of pastoralism formation – that is, pastoralism is based on the complementary utilisation of livestock resources obtained from "milking", "castration" and "dung gathering" and other livestock techniques. Dung is also related to the origin of domestication. Haudricourt argued that human beings were attracted by milk, secretion = excrement, which is an important opportunity for the origin of domestication. The author considers that dung, secretion = excrement might be another important resource attracting humans to begin domestication.

Moreover, it is necessary to re-examine Umesao's theory of "milking" and "castration" livestock herd management techniques. The behaviour of dung gathering may contain tips for livestock herd management before "milking" and "castration". Firstly, dung gathering is important for campsite management. Livestock tends to be incompatible with campsites full of dung, and fresh pastures are required. Therefore, it is necessary to collect dung at the campsite or move the campsite. Secondly, dung is a material for judging the health status of livestock. Whether or not the water and grass in the campsite are suitable for livestock can be judged through the condition of dung. If there are health problems in livestock, relocation is required Dung gathering may be one of the reasons for having a nomadic lifestyle.

From the perspective of cultural anthropology, this paper has systematically studied the positioning and specific cultural connotations of dung culture in pastoral society from the theory of livestock resources, pastoralism formation and origin of domestication. This is a huge theoretical system and the subject needs further detailed study according to the respective frameworks. Because of focusing on dung use in the inner drylands of East Asia, regrettably research on literature regarding dung culture studies conducted by European and American researchers is not addressed much, especially research on dung in archaeological and environmental sciences, which can help answer the historical problem of when dung utilization began to enter human society.

REFERENCES

Bao, H.Y. 2014. "China Inner Mongolian pastoral culture - Formation of capitalist livestock culture", Doctoral Dissertation, Nagoya University.

Bao, H.Y. 2015. "The naming system of domesticated animal dung: A case study of Shilingool League in Inner Mongolian" Journal of Arid Land Studies 25 (2) : 33–41.

Bourke, John G. 1995. "Scatalogic rites of all nations", trans. M. Iwata. Tokyo: Ayumishya.

Harris M. 1997. "Hito ha naze hito wo tabetaka: seitai jinruigaku kara mita bunka no kigen" [Why does man eat man? – The origin of culture from ecological anthropology], trans. Y. Suzuki. Tokyo: hayakawashobou.

Hirata M. 2013. Theory of Milk culture in Eurasia.

Tokyo: Iwanami shoten.

Hoshi I, Ebihara S. 2018. "Chibetto bokutiku bunnka jiten" [Tibetan pastoral culture dictionary]. Tokyo: Toukyou gaigokugo daigaku ajia-afurika gengo bunka.

Hoshi I. 2016. "Fun riyou no tatujin" [Masters of Dung Utilisation]. Chibetto bungaku to eiga seisaku no genzai 3: 25–28.

Ishizuka T. 1929. "Bokuchiku to fushiki no nianryou" [Livestock and incredible fuel], in Nazono mongoru. Tokyo: Himou boueki kyokai.

Kawamata M. 1994. "Uma kakeru kodai ajia" [Ancient Asia on horseback]. Tokyo: Koudanshya sensho mechie.

Kazato M. 2017. "Mongoru no bokutiku ha seisannteki ka—Kachikufun no takakuteki riyou yori" [Is Mongolian pastoralism subsistence activity? Case study of the diversified utilization of animal dung]. Japanese Journal of Cultural Anthropology 82 (1): 50–72.

Koibuchi S. 1992. "Kiba minzoku no kokoro" [Hearts of horse-riding nation]. Tokyo: Nihon housou syuppan kyoukai.

Konagaya Y. 2014. "Jinruigakushya ha sougen ni sodatu—Henbousuru mongoru to tomoni" [Anthropologists

grow up on grasslands - along with the changing
Mongolia], ed. M. Indou, C. Sirakawa, Y. Seki. Field
work Sensyo 9. Kyoto: Rinsensho.

Konagaya Y. and A. Horita. 2013. "Umesao no
mongoru tyousa tiketti genngasyuu" [Mongolian survey
sketches of Umezao Tadao], National Museum of
Ethnology, Japan.

Matsui T. 1994. "Haudricourt on milk and human
feces: A reappraisal" Bulletin of the National Museum of
Japanese History 61:171–185.

Namtarjya. 2016. "Chibetto bokuchiku shyakai
ni okeru yaku no fun no meisyou to sono riyouhou
nituite" [Names of yak dung and its utilization methods
in Tibetan pastoral society], Nihon Chibetto bunka
kenkyuujyo kaikan 40 (3): 1–6.

Namtarjya. 2018. "Kawari yuku seikai chibetto
bokuchiku shyakai–sougen no Field work kara" [in
Japanese, The changing Qinghai Tibetan pastoral society
– From fieldwork in the grassland]. Tokyo: Haru shubo.

Nishikawa K. 1972. "Mongoru yuubokumin no
kurasi no chie" [Wisdom of Mongolian nomads'life],
ed. Asahi Shinbunshya. Tanken to bouken 3: 302–312.

Phurbu Ts. 2007. "Lun Fanyi yu Wenhua de Guanxi-

336

Yi Niufen wei Li" [Relationship between translation and culture - Taking cattle dung as an example]. Xizang Yanjiu 4: 73–78.

Sampilnorbu. 1999. "mongγul maljil un soyul jüi". [Mongolian pastoral culture], Inner Mongolia People's Publishing House, Hohhot, China.

Shimada Y. 2010a. "Afro-Eurasian inner dry land civilization and four typologies – anthropological essay on the dry land and history of human civilization". Japanese Journal of Cultural Anthropology 74 (4) : 585–612.

Shimada Y. 2010b. The Theory of Black African Islamic Civilization. Tokyo: Souseishya.

Shimada Y. 2012. Desert and civilization: Afro-Eurasian Inner Dry Land Civilization. Tokyo: Iwanamishoten.

Shimada Y. 2014. "Chikyuu jinrui no jinruigaku wo mezasite" [Aiming at earth anthropology]. Nagoya University Final Lecture, Nagoya University.

Umesao T. 1976. Syuryou to yuuboku no sekai- sizen shyakai no sinka [The world of hunting and nomads - Evolution of natural society]. Tokyo: Koudanshya gakujyutu bunkou.

Umesao T. 1990. Umesao Tadao tyosakusyuu dainikan mongoru kenkyu [Umesao Tadao works Vol. 2 Mongolian studies]. Tokyo: Chuokouronshya.

William of Rubruck. 1989. Central Asia Mongolian Travel Notes - The Records of the Nomadic People's Realities, trans. M. Mori. Tokyo: Kofushya sensho.

Yoshida J. 1982. "Arugaru to horugoru – mongoru chikufun nenryou kou" [Argal and Horgol – On Mongolian dung fuel]. Shiteki 3: 64-86.

Zhang, X.Z. 2013. "Xizang de Niufen Wenhua" [Tibetan cattle dung culture]. Baike Zhishi (Xia) : 57–59.

ACKNOWLEDGEMENTS

This research is based on the general project of China Social Science Fund of Comparative Study of Dung Culture in the Dry Land along the Silk Road (Project No.: 16BMZ052, 2016-2019, representative Bao Haiyan) and the China Education Department's Special Project of Talent Cultivation in the Western Region. The author also appreciates the review and proofreading by Dr. Thomas Richard Edward White from the department

附录 已出版英语论文（2020年）

338

of social anthropology, Cambridge University. Finally, thanks to the help of Sarina Bao, for her great work of translation from Japanese and Chinese to English.

第六部分

参考文献

汉语文献

白玛措:《牧民的礼物世界（上·下)》，中国社会科学出版社 2019 年版。

王明珂:《游牧者的抉择》，上海人民出版社 2018 年版。

王明珂:《华夏边缘——历史记忆与族群认同》，允晨文化出版公司 1997 年版。

杜新豪:《金汁——中国传统肥料知识与技术实践研究（10—19 世纪)》，中国农业科学技术出版社 2018 年版。

[美] 拉铁摩尔:《中国的亚洲内陆边疆》，费晓峰译，江苏人民出版社 2010 年版。

普布次仁:《论翻译与文化的关系——以牛粪为

例》,《西藏研究》2007 年第 4 期。

张宗显:《西藏的牛粪文化》,《百科知识》(下)
2013 年第 6 期。

张宗显:《西藏的牛粪火俗》,《中国西藏》(西藏
民俗) 2004 年第 2 期。

《内蒙古自治区统计年鉴》,内蒙古统计年鉴编集
委员会 2010 年。

全京秀:《环境人类学》,科学出版社 2015 年版。

[俄] 尼·米·普尔热瓦尔斯基:《荒原的召唤》,
王嘎、张友华译,新疆人民出版社 2001 年版。

[俄] 尼·米·普尔热瓦尔斯基:《蒙古与唐古特
地区——1870—1873 年中国高原纪行》,王嘎译,中
国工人出版社 2019 年版。

暴庆五:《蒙古族生态经济研究》,辽宁民族出版
社 2008 年版。

[日] 小长谷有纪,色音主编:《地理环境与民俗
文化遗产》,知识产权出版社 2009 年版。

扎格尔:《草原物质文化研究》,内蒙古教育出版
社 2007 年版。

邢莉:《游牧中国——一种北方的生活态度》,新
世界出版社 2005 年版。

色音:《蒙古游牧社会的变迁》,内蒙古人民出版
社 1998 年版。

色音、单平、宝鲁、［日］小长谷有纪主编：《干旱区生态保育与可持续发展》，内蒙古人民出版社2008年版。

张颖等：《规模化养牛场粪便处理生命周期评价》，《农业环境科学学报》2010年第29卷第7期。

包海岩：《草原传统生态智慧中的畜粪利用》，《中国人类学民族学2020年年会论文集》2020年11月20—22日。

畜产环境改善机构：《以家畜排泄物为中心的有关燃烧·碳化设施指南》，2005。

［日］鸟居龙藏：《蒙古旅行》，戴玥，郑春颖译，商务印书馆2018年版。

胡日查：《清代内蒙古地区寺院经济研究》，辽宁民族出版社2009年版。

陈旉：《陈旉农书校注》，万国鼎校注，农业出版社1965年版。

王祯：《王祯农书》，王毓瑚校，农业出版社1981年版。

英语文献

John G. Bourke:*Scatalogig rites of all nations*, Martino Publishing Mansfied Centre, CT, 2009.

Peter G. Johansen:*Landscape, monumental*

architecture, and ritual: a Reconsideration of the South Indian ash mounds, Journal of Anthropological Archaeology , 2004 .

Miller, N. F. & Smart, T. L:*Intentional burning of dung as fuel: A mechanism for the incorporation of charred seeds into the archaeological record*, Journal of Ethnobiology, 1984 .

Jacques E.Brochier, Paola Villa, Mario Giacomarra, AntonioTagliacozzo:*Shepherds and sediments: Geo-ethnoarchaeology of pastoral sites*,Journal of Anthropological Archaeology, 1992 .

Rhode, D.DB Madsen, PJ Brantingham, and T.Dargye:*Yak, yak dung, and prehistoric human habitation of the Tibetan Plateau*, pp. 205-224.In Late Quaternary Climate Change and Human Adaptation in Arid China, edited by DB Madsen, F-H Chen, and X Gao. Developments in Quaternary Science volume 9, Elsevier, Amsterdam, 2007.

Lattimore, Owen, and Eleanor Holgate Lattimore, eds.Silks, spices, and empire: *Asia seen through the eyes of its discoverers*, Delacorte Press, 1968.

Sneath, David:*Changing Inner Mongolia: pastoral Mongolian society and the Chinese state*,Oxford

University Press on Demand, 2000.

Humphrey,Caroline, and David sneath:*The end of Nomadism?society, state, and the environment in Inner Asia*, Duke University Press, 1999.

Sneath,David:*The headless state:aristocratic orders,kinship society* & *misrepresentations of nomadic Inner Asia*,Columbia University Press, 2007.

Bulag, Uradyn Erden:*Nationalism and hybridity in Mongolia*,Oxford University Press, 1998.

Haiyan BAO:*Towards A Theory of Dung Culture: An Inner Asian Case Study*, Nomadic Peoples vol.24, No.1, 2020, pp.143-166.

Marks R B :*The Origins of the Modern World: A Global and Ecological Narrative*, from the Fifteenth to the Twenty-First Century, 2015.

日语文献

青木富太郎：《蒙古人における火と爐》,《高知大学学術研究報告》1（17）, 1952。

江頭宏昌：《焼畑を科学する》,《火と食》, 朝倉敏夫（編集）, 1981。

青柳まちこ編：《開発の人類学》, 東京：古今書院, 2000。

石塚忠：《牧畜と不思議の燃料》，《謎の蒙古》，東京：日蒙貿易協会，1929。

石毛直道：《人類の食文化》，《講座 食の文化》第一巻（監修 石毛直道），味の素食の文化センター，1998。

石毛直道：《食文化交流の歴史―日本を例に―》，《社会システム研究》（特集号），立命館大学ＢＫＣ社系研究機構社会システム研究所，2017。

今西錦司：《遊牧論そのほか》，東京：平凡社，1995。

稲村哲也：《リャマとアルパカ―アンデスの先住民社会と牧畜文化》，東京：花伝社，1995。

石田元彦、福井憲二、長尾伸一郎、宮崎昭、川島良治：《異なる給与飼料条件で飼育された牛の糞の化学成分組成と栄養価の比較》，日畜会報，58（2），1986。

石井智美：《モンゴル遊牧民の製造する乳製品の性質と呼称に関する研究――先行研究と比較して》，《酪農学園大学紀要》31（2），2007。

印東道子：《環境と資源利用の人類学》，東京：明石書店，2006。

リン・ホワイト：《中世の技術と社会変動》，内田星美訳，東京：思索社，1985。

梅棹忠夫:《狩猟と遊牧の世界——自然社会の進化—》,東京:講談社学術文庫,1976。

梅棹忠夫:《梅棹忠夫著作集 第二巻 モンゴル研究》,東京:中央公論社,1990。

遠藤仁:《インド北西部における家畜糞利用の現状と課題》,《沙漠研究》25(2),2015。

ジョン・G・ボーク:《スカトロジー大全》,岩田真紀訳,東京:青弓社,1995。

小磯学:《ヒンドゥー教における牛の神聖視と糞の利用》,《沙漠研究》25(2),2015。

小田正人、中村乾:《東北タイで用いられているマルチ資材としての牛糞の性能評価》,《熱帯農業研究》3(1),2010。

風戸真理:《畜糞の多角的利用と自然・社会環境—モンゴル国・中国・カザフスタン共和国の比較より》,《日本文化人類学会研究大会発表要旨集》,2015。

風戸真理:《現代モンゴル牧畜民の民族誌—ポスト社会主義を生きる》,世界思想社,2009。

風戸真理:《モンゴルの牧畜は生産的か—家畜糞の多角的利用より》,《文化人類学》82(1),2017。

カルビニ、ルブルク:《中央アジア・蒙古旅行

記—遊牧民族の事情の記録—》，護雅夫訳，東京：光風社，1989。

鯉渕信一：《モンゴル語における色彩語——その用法と色彩観》，《アジア研究所紀要》10，1983。

鯉渕信一：《騎馬民族のこころ》，東京日本放送出版協会，1992。

小茄子川歩：《インド・ハリヤーナー州における牛糞燃料の多角的利用方法について——ラキー・カース村とラキー・シャプール村の事例から》，《沙漠研究》25（2），2015。

河合正人：《乳牛栄養学の基礎と応用》，東京：デーリィ・ジャパン社，2010。

小長谷有紀：《モンゴル万華鏡 草原の生活文化》，東京：角川選書，1992。

小長谷有紀：《モンゴルの葬送儀礼》，《国立民族学博物館調査報告》（8），1998。

小長谷有紀：《人類学者は草原に育つ——変貌するモンゴルとともに》，印東道子、白川千尋、関雄二編：《フィールドワーク選書9》，京都：臨川書店、2014。

小長谷有紀、堀田あゆみ編著：《梅棹忠夫のモンゴル調査スケッチ原画集》，国立民族学博物館，2013。

川又正智：《ウマ駆ける古代アジア》，東京：講談社選書メチエ，1994。

川又正智：《漢代以前のシルクロード—運ばれた馬とラピスラズリ》，東京：雄山閣，2006。

嶋田義仁：《異次元交換の政治人類学——人類学的思考とはなにか》，東京：勁草書房，1993。

嶋田義仁：《牧畜イスラーム国家の人類学》，京都：世界思想社，1995。

嶋田義仁：《アフロ・ユーラシア内陸乾燥地文明の4類型——乾燥地地域の人類文明史的考察》，《文化人類学》74（4），2010。

嶋田義仁：《黒アフリカ・イスラーム文明論》，創成社，2010。

嶋田義仁：《沙漠と文明—アフロ・ユーラシア内陸乾燥地文明論》，東京：岩波書店，2012。

白鳥庫吉訳：《音訳蒙文元朝秘史》，1942。

佐々木義之：《新編畜産学概論》，東京：養賢堂，2000。

佐原真：《騎馬民族は来なかった》，東京：日本放送出版協会，1993。

谷泰：《牧夫の誕生——羊・山羊の家畜化の開始とその展開》，東京：岩波書店，2010。

東郷えりか、プライアン・フェガン：《人類と

家畜の世界史》，東京：河出書房新社，2016。

デイビッド・ウォルトナー＝テーブズ：《排泄物と文明》，片岡夏実訳，東京：築地書館，2014。

中川裕里：《〈応用する〉人類学と〈応用される〉人類学——人類学の応用に関する諸問題》，《健康・医療・身体・生殖に関する医療人類学の応用学的研究》，波平恵美子編：国立民族学博物館調査報告85，2009。

波平恵美子：《医療人類学入門》，帯広：朝日新聞社，1994。

ナムタルジャ：《チベット牧畜社会におけるヤクの糞の名称とその利用法について》，西蔵文化研究会：《日本西蔵文化研究所会刊》40（3），2016。

ナムタルジャ：《変わりゆく青海チベット牧畜社会—草原のフィールドワークから》，東京：はる書房，2018。

西川一三：《モンゴル遊牧民の暮らしの知恵》，《探検と冒険》3，1972。

日本沙漠学会編：《沙漠学事典》，東京：丸善出版，2020。

平田昌弘：《北アジアにおける乳加工体系の地域多様性分析と発達史論》《文化人類学》75（3），2010。

平田昌弘：《モンゴル高原中央部における家畜群のコントロール──家畜群を近くに留める技法》，《文化人類学》76（2），2011。

平田昌弘：《モンゴル遊牧民の食糧摂取における乳・乳製品と肉・内臓の相互補完性──ドンドゴビ県のモンゴル遊牧民世帯Tの事例をと通じて─》，《文化人類学》77（1），2012。

平田昌弘：《ユーラシア乳文化論》，東京：岩波書店，2013。

藤井純夫：《ムギとヒツジの考古学》，東京：同成社，2001。

包海岩：《畜糞に関わる民間治療──中国内モンゴル自治区シリンゴル盟の事例より》，《多元文化研究》第12期，2021年3月。

包海岩：《畜糞文化論》，《アフロ・ユーラシア内陸乾燥地文明》Vol.8，2020年3月。

包海岩：《東アジア内陸乾燥地域における畜糞文化の研究動向》，《北海道民族学》第15期，2019年3月。

包海岩：《畜フン名称体系──内モンゴル自治区シリンゴル盟を中心に》，《沙漠研究》第25巻第2号，2015年10月。

包海岩：《モンゴルの畜フン文化》，《天地人》

No27，2015 年 9 月。

包海岩：《モンゴル牧畜社会における家畜糞文化研究——内モンゴル・シリンゴル盟の事例より—》，《公益財団法人三島海云纪记念財団研究報告书》，2014 年 11 月。

星泉：《糞利用の達人》，《チベット文学と映画製作の現在》3，2016。

松井健：《認識人類学論攷》，京都：昭和堂，1991。

松井健：《分泌＝排泄物の文化地理学オードリクール再検》，《国立歴史民俗博物館研究報告》61，1995。

松井健：《遊牧という文化——移動の文化戦略》，東京：吉川弘文館，2001。

マドシリ・バティニ，渡辺征夫：《インドにおける民生用燃料の利用実態と今後の課題》，《環境技術》30（9），2001。

マーヴィン・ハリス：《ヒトはなぜヒトを食べたか——生態人類学から見た文化の起源—》，東京：ハヤカワ文庫，1997。

村上正二訳：《モンゴル秘史》，東京：平凡社，1978。

楊海英：《〈祈祷用ヒツジのトい書〉について》，

《内陸アジア史研究》19，2004。

吉田順一：《アルガルとホルゴル——モンゴル畜糞燃料考》，《史滴》3，1982。

吉田順一：《近現代モンゴルにおける遊牧の変容》，《科学研究補助金研究成果報告書》，2010。

吉田集而編：《世界技術の人類学》，東京：平凡社，1995。

和田幸子：《再生可能エネルギー"先進国"インド——巨大市場の知られざる素顔》，東京：日報出版，2010。

シュリ・前迫ゆり・村松加奈子：《内モンゴル草原における生活様式の変遷と植生評価のための衛星 ALOS/AVNIR-2 データの有効性》，《人間環境論集》(7)，2008。

新井雅隆：《畜産環境保全における炭化——燃料の意義》，《畜産環境情報》（24），2004。

デレゲル：《モンゴル医薬学の世界》，東京：出帆新社，2005。

賽那：《自然にやさしかった遊牧の社会文化——環境論理学からの考察》，《現代社会文化研究》（40），2007。

森川登美江：《モンゴル族の歴史と諸部族の服装》，《大分大学経済論集》60（1），2008。

達古拉:《生態移民政策による酪農経営の課題》,《アジア研究》53（1）, 2007。

中村たかを:《日本の民具》, 東京:弘文堂, 1981。

福井勝義, 谷泰:《牧畜文化の原像》, 東京:日本放送出版協会, 1981。

後藤十三雄:《蒙古の遊牧社会》, 生活社, 2005。

尾崎孝宏:《現代モンゴルの牧畜戦略——体制変動と自然災害の比較民族誌》, 風響社, 2019。

ソロングト・バ・ジグムド:《モンゴル医学史》, 農山漁村文化協会, 1991。

橋本勝:《モンゴル語のことば遊び》,《ことば遊びの民族誌》, 江口一久（編集）, 大修館書店, 1990。

村上正二訳注:《モンゴル秘史》, 平凡社, 1978。

塩谷茂樹、Eプレブジャブ:《モンゴル語ことわざ用法辞典》, 大学書林, 2006。

河合香史:《野の医療——牧畜民チャムスの身体世界》, 東京大学出版会, 1998。

蒙古语文献

N・Sodubilig:《öbür mongɣul un belciger ün mal

aju aqui》, öbür mongγul un yeke sorγaγuli yin keblel un qoriy_a, 2006。

Sampilnorbu:《 mongγul maljil un soyul jüi》, öbür mongγul un arad un keblel ün qoriy_a, 1999。

Z · Serengdungrub:《*üjümücin ü ulamjilaltu amidural*》, öbür mongγul un arad un keblel ün qoriy_a, 2003。

Brintüs:《mongγul idegen tobci》, öbür mongγul un sinjilekü uqagan tegnig mergejil ün keblel ün qoriy_a, 1987。

Brintüs:《mongγul jang üile yin nebterkei toil (aju aqoi yin bodi, uyun u bodi)》, öbür mongγul un sinjilekü uqagan tegnig mergejil ün keblel ün qoriy_a, 1999。

Haiyan.Bao:《mongγul un ejintü gürün üü toγtanil bolon homul》 (nige), mongγul aduγu 2 (1), 2017。

Haiyan.Bao:《mongγul un ejintü gürün üü toγtanil bolon qomul》 (qoyar), mongγul adugu 3 (2), 2017。

E · Wurgen:2010mongγulqčud higed arhin suyul öbür mongγul un arad un keblel ün qoriy_a.

U · jagdersürüng: 《jingγar un tuulis》, öbür mongγul un surγan kümüjil ün keblel ün qoriy_a,1991.

致　谢

本书是中国社科基金一般项目"丝绸之路沿线干旱区畜粪文化比较研究"（课题号码：16BMZ052）的阶段性研究成果基础上完成。

2009年，我进入日本名古屋大学文学院，在嶋田义仁老师的指导下开始了畜牧文化研究。2012年，我在美国印第安纳大学做学术报告发表后回到日本，嶋田老师在研究室全员前激励我："这次发表很好，我想让你成为世界畜粪文化研究第一人"。这句话成为我研究的目标和动力。

2009—2014年在日本学术振兴会科学研究补助金基础研究（S）"基于畜牧文化解析研究亚欧非内陆干旱地区文明及其现代动态"（课题编号：2122101，负责人：嶋田义仁教授）的支持下，受到项目负责人嶋田义仁教授为首的很多人的帮助，深表感谢。

2009 年进入日本名古屋大学文学院攻读博士课程，受到大家的很多帮助。2015—2016 年名古屋大学环境学院究生院的篠田雅人教授给我提供博士后研究员的工作，对此深表感谢。

2016—2019 年在内蒙古科技大学工作，在科研方面得到了文法学院领导和同事包海青博士、包玉琼博士、刘那日苏博士、哈斯老师、乌日汗博士、那木拉博士、包青虎老师们的大力支持。

2018 年 4 月—2019 年 4 月，在中国教育部留学基金委的支持下，还有日本带广畜产大学平田昌弘老师的指导下，有了提出畜粪文化论的想法，深表感谢。

2020 年开始在呼和浩特民族学院工作，在科研方面得到了学院领导和同事付吉力根博士、彭春梅博士的大力支持。

研究初期阶段得到日本文部科学省留学生学习奖学金（2009—2011 年）、日本同志社大学神学教育后援会外国人留学生奖学金（2004—2009 年）、日本特别亚洲留学生奖学金（2011—2012 年）、公益财团法人三岛海云纪念财团学术研究奖学金（2013）、中国国家社会科学基金项目（一般）中国"丝绸之路"沿线干旱区畜粪文化比较研究（负责人：包海岩，项目号：16BMZ052，2016 年 6 月—2019 年 6 月），内蒙古

科技大学创新基金项目中国内陆干旱地区畜粪文化比
较研究（负责人：包海岩，项目编号：2016QDW-B07，
2016—2018 年），中国教育部西部地区人才培养特别
项目（2017 年）等的帮助，深表感谢。

还有在长达 10 年的实地调查中得到许多人的帮
助，不能一一列出，感谢你们。特别感谢叔叔包平、
牧民苏和与斯琴图雅夫妇。还要感谢在研究室与我度
过很多时间，一起努力的同事们。感谢吉田早悠里博
士、高村美也子博士、铃木良幸博士、白·斯琴图
雅、巴雅尔都楞博士。

感谢在日本留学生活中提供帮助和支持的京田
边市橘雄介（嘎力巴）一家，京都府龟冈市故市川
先生。

感谢翻译日语资料的萨日娜。感谢内蒙电视台塔
娜导演、勒·哈斯巴雅尔导演、张阿泉导演和我的学
生刘珍珍对本书写作过程中的帮助。

最后，感谢支持我去日本留学的父母，全心全意
支持我研究的妻子乌日嘎，妹妹娜仁格日乐一家，以
及精神上支持我的女儿阿如伦格格。

* * *

本书力图以大众化的语言表述文化人类学的学术
思想。部分内容曾经以论文或文章的形式发表过，包

括如下：

《畜糞に関わる民間治療——中国内モンゴル自治区シリンゴル盟の事例より》,《多元文化研究》第 12 期，2021 年 3 月。

《草原传统生态智慧中的畜粪利用》,《中国人类学民族学 2020 年年会论文集》，2020 年 11 月 20—22 日。

Towards A Theory of Dung Culture: An Inner Asian Case Study, Nomadic Peoples，vol. 24，No.1, 24 January 2020.

《畜糞文化論》,《アフロ・ユーラシア内陸乾燥地文明》Vol.8，2020 年 3 月。

《東アジア内陸乾燥地域における畜糞文化の研究動向》,《北海道民族学》第 15 期，2019 年 3 月。

Haiyan.Bao《 mongɣul un ejintü gürün üü toɣtanil bolon qomul 》(nige),mongɣul aduɣu 2（1),2017。

Haiyan.Bao《 mongɣul un ejintü gürün üü toɣtanil bolon qomul 》(qoyar),mongɣul aduɣu 3（2),2017。

《畜フン名称体系—内モンゴル自治区シリンゴル盟を中心に》,《沙漠研究》第 25 卷第 2 号 , 2015 年 10 月。

《モンゴルの畜フン文化》,《天地人》No.27, 2015 年 9 月。

致
谢

《社会主義中国内モンゴルにおける牧畜文化——社会主義的集団牧畜から資本主義的酪農文化へ一》，名古屋大学大学院文学研究科，博士論文，2014。

《モンゴル牧畜社会における家畜糞文化研究——内モンゴル・シリンゴル盟の事例より》，《公益財団法人三島海云纪记念财团研究报告书》，2014年11月。

责任编辑：詹　夺
封面设计：林芝玉
版式设计：吴　桐

图书在版编目（CIP）数据

芬芳：中国内陆畜粪传统生态智慧研究 / 包海岩 著 . —北京：
　人民出版社，2022.4
ISBN 978－7－01－023831－9

I. ①芬… 　II. ①包… 　III. ①畜粪－畜牧业－文化－研究－
　中国　IV. ① S8–05

中国版本图书馆 CIP 数据核字（2021）第 202306 号

芬芳：中国内陆畜粪传统生态智慧研究
FENFANG ZHONGGUO NEILU CHUFEN CHUANTONG
SHENGTAI ZHIHUI YANJIU

包海岩　著

人民出版社 出版发行
（100706　北京市东城区隆福寺街 99 号）

北京新华印刷有限公司印刷　新华书店经销

2022 年 4 月第 1 版　2022 年 4 月北京第 1 次印刷
开本：880 毫米 ×1230 毫米 1/32　印张：11.75
字数：230 千字

ISBN 978－7－01－023831－9　定价：89.00 元

邮购地址 100706　北京市东城区隆福寺街 99 号
人民东方图书销售中心　电话（010）65250042　65289539